技工院校学生职业素养系列读本

用知识守护生命

——学生安全常识读本

主编：陈修勇

编者：赵元明　汪怀平　李彩兵
　　　李为国　徐海波

苏州大学出版社

图书在版编目(CIP)数据

用知识守护生命:学生安全常识读本/陈修勇主编
.—苏州:苏州大学出版社,2013.5(2021.7 重印)
(技工院校学生职业素养系列读本/王志强主编)
ISBN 978-7-5672-0455-3

Ⅰ.①用… Ⅱ.①陈… Ⅲ.①安全教育—高等职业教育—教学参考资料 Ⅳ.①X956

中国版本图书馆 CIP 数据核字(2013)第 105584 号

用知识守护生命
——学生安全常识读本
陈修勇 主编
责任编辑 盛 莉

苏州大学出版社出版发行
(地址:苏州市十梓街 1 号 邮编:215006)
广东虎彩云印刷有限公司印装
(地址:东莞市虎门镇北栅陈村工业区 邮编:523898)

开本 787 mm×1 092 mm 1/16 印张 11.25 字数 227 千
2013 年 5 月第 1 版 2021 年 7 月第 7 次印刷
ISBN 978-7-5672-0455-3 定价:32.00 元

苏州大学版图书若有印装错误,本社负责调换
苏州大学出版社营销部 电话:0512-65225020
苏州大学出版社网址 http://www.sudapress.com

技工院校学生职业素养系列读本

序
Foreword

教育是中华民族振兴和社会进步的基石，加快发展职业教育，既是当前社会经济发展的需要，也是促进全面建成小康社会的需要。

党的十八大提出，加快发展现代职业教育，坚持教育为社会主义现代化建设服务、为人民服务，把立德树人作为教育的根本任务，全面实施素质教育，着力提高教育质量，培养学生社会责任感、创新精神、实践能力，培养德、智、体、美全面发展的社会主义建设者和接班人。

从党的十七大报告中的“大力发展职业教育”，到党的十八大报告中的“加快发展现代职业教育”，“现代”两字的加入，赋予了职业教育改革与发展新的目标和内涵。现代职业教育不仅要注重对学生技能的培养，而且要注重对学生现代职业道德、职业素质的培养，将人才培养目标与现代市场需求“零距离”对接，把人才培养同经济社会发展需要真正结合起来。

我们编写的这套《技工院校学生职业素养系列读本》，以全面贯彻素质教育为目的，旨在让技工院校的学生从了解自己、信任自己开始，学会为自己的学习生活定位，为将来的职业生涯定向。丛书通过不同的专题视角，使技校生切实领悟“条条大路通罗马”、“路是自己走出来的”等道理，让技校生切身感悟到除了传统的升学路之外，还有很多适合技校生自我发展、自我提升的途径，作为技校生，只要正视自我，树立自信，发挥特长，把握机会，勇于进取，同样能走出精彩的人生之路。

这套丛书的作者都是多年从事职业教育的教师，他们富有经验，热爱学生，是技校生最可信赖的良师益友。当同学们抱读《技工院校学生职业素养系列读本》时，就犹如与挚友促膝畅谈——谈入学适应、谈人际交往、谈团队协作、谈品质修炼、谈心理素养、谈创新能力、谈职前训练、谈职业生涯、谈创业能力、谈就业指导、谈安全避险。我们希望通过这套丛书，开发技校生素质教育的丰富内容，挖掘技校生不同个体的潜质和精神气质，使学生增强适应能力，提升心理品质，提高协作能力，练就职业技能，具备职业意识，把学生培养成为尊重他人、善于沟通、一专多能、德才兼备的高素质人才。

本套书的编写，以"教育要面向现代化，面向世界，面向未来"为指针，以党和国家教育方针以及中等职业教育的培养目标为依据，直接体现中等职业教育培养"与我国社会主义现代化建设要求相适应，德、智、体、美全面发展，具有综合职业能力，在生产、服务一线工作的高素质劳动者和技能型人才"的目标要求。丛书既可以作为技工院校学生了解自我、规划人生的通识读本，也可以供关注自我发展和自我实现的普通读者阅读。

《技工院校学生职业素养系列读本》编委会

2013 年 5 月

前言
Preface

学生安全无小事。学生安全教育工作是否到位,直接关系到广大学生身心健康,关系到广大群众切身利益,关系到社会和谐稳定。因此,让学生掌握安全常识,掌握避险急救技巧,用知识守护生命,使学生发生意外事故的几率减少到最低,是各类学校教育和管理工作的重要内容之一。对于技工院校学生来说,教育形式、学生身心特点、学校环境不同于普通中学,使得其安全问题更为突出,加强技工院校学生安全教育就显得更为迫切和重要。

仪征技师学院根据多年教学和实践经验,总结出了当代技工院校学生安全教育工作的思路和方法,对加强学生安全意识,使学生掌握避险急救技巧、增强自我处置能力,最大限度降低损失具有很好的教育意义。

全书共分五篇,分别从校园活动、家庭生活、社会交往、户外运动、自然灾害等方面进行了介绍。案例点评栏目,分析了学生常见安全问题产生的原因,加强了学生安全忧患意识;安全常识、知识链接栏目,使学生掌握安全常识与避险急救技巧;模拟训练栏目,对一些易发安全事故进行了场景模拟,增强了学生的判断能力和自救能力;交流讨论栏目,给出一些有争议性的话题供学生交流讨论,使学生明辨是非。本书集知识性、实用性、理论性于一体,深入浅出,贴近学生生活,具有较强的针对性和可操作性。本书既适用于技工院校学生安全教育,也可作为广大学生的课外读物。

本书由仪征技师学院陈修勇、赵元明、汪怀平、李彩兵、李为国、徐海波编写。本书在编写过程中，得到了学院领导、同事的大力支持，参阅、借鉴、引用了国内一些专家、学者的相关著作和论文成果，在此一并表示衷心感谢！

由于时间仓促，水平有限，难免存在疏漏之处，恳请各位专家、领导、同仁和读者批评指正。

编　者

目 录

Contents

Part 3

社会和谐篇

063/

Part 4

户外开心篇

093/

Part 5

防灾减灾篇

135/

校园平安篇

Part 1

校园是学生学习的重要场所，校园生活中会遇到各种各样的安全问题，伤害事故时常发生，诸如在体育活动、实习实验中发生意外，各种疾病影响健康，同学间交往产生伤害等。如何避免这些安全问题？让我们来学习一些校园自我保护的常识，构建平安校园。

第一章　校内活动防意外

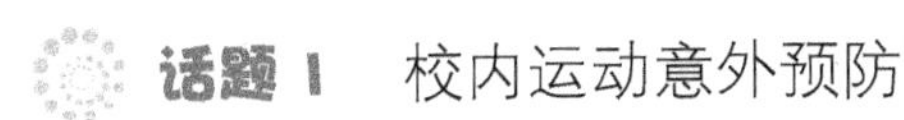

话题1　校内运动意外预防

【引言】

校内活动意外伤害事故，主要是指学生在校活动中，由不可预见的原因或不可抵抗的力量而导致的人身伤害事故。从当前学校发生的学生意外伤害事故来看，形成的原因大致有两个方面：一是学生与他人发生冲突而受到伤害；二是学生在教育教学活动中因种种原因而受到伤害。这里所说的学生意外伤害事故，根据教育部《学生伤害事故处理办法》的定义，主要指在学校里实施的教育教学活动或者学校组织的校外活动中，以及在学校负有管理责任的校舍、场地、其他教育教学设施、生活设施内发生的，造成了在校学生人身伤害后果的事故。

某校曾对该校2000级2720名学生进行过统计，在校四年时间共计发生意外伤害事故1197起，其中校内发生897起，校内运动意外伤害事故达到794起。因此，我们需要懂得校内运动意外预防的知识。

【案例点评】

案例1：2003年11月20日下午，北京市某中学高三(2)班在学校操场上体育课20分钟后，体育老师安排同学们自由活动后便离开操场。张某与苏某在足球场边玩起了摔跤游戏，张某不慎摔倒且头部着地，当场感觉头昏脑涨。送医院检查后诊断为脑震荡。治疗数月，花费3万元，虽有所好转，但未能参加当年高考。

点评：案例中造成张某意外受伤的原因是多方面的，体育老师有较大责任，但学生本人玩摔跤实属不该。学生在活动课期间要注意安全，防止伤人和自伤，不能做危险的游戏等，容易造成伤害的活动要搞清动作要领，落实保护措施。

案例2：2009年12月7日晚9时10分，湖南省湘乡市一所中学下晚自习时教学楼楼梯间发生严重拥挤踩踏事故，8名学生死亡，26名学生受伤，其中3人重伤。

点评：校园已多次发生拥挤踩踏事故，主要是混乱无序造成的。学生集体上下楼或集中活动时，一定要遵守纪律，服从安排。如果出现意外情况，要保持冷静，听从统一指挥，切忌混乱，避免发生事故。

案例3：某校举办秋季运动会。一天上午，该校一个学生正在铅球场上与其他运动员激烈角逐，30多名同学在赛场周围呐喊助威。突然，这位同学因投掷的姿势不对，将5千克重的铅球投偏了方向，铅球飞出投掷区，砸向了站在离投掷点7米多远的同班同学小王的头部。小王当场倒地，不省人事。该校迅速将小王送医院急救，发现小王伤情严重，必须进行手术治疗。

点评：从学生被铅球砸伤的事故看，学校运动会组织者对投掷铅球运动的安全区设置过小。学校在组织运动会时，应该把学生安排在绝对安全的区域观看。在安全区沿线，还应派人把守，以免有学生不注意而进入危险区域。如果有条件，应在投掷区设置防护网。观众在观看投掷类比赛时，应特别注意投掷物的运动方向，一旦发现方向偏离正常范围，要迅速、及时地躲避，看到其他同学离投掷区太近，我们也要马上提醒。

**【安全常识】**

案例中的校内活动致意外伤害事故主要有以下两种类型：第一类是在学校正常的教育教学活动过程中发生的伤害事故，比如在体育课上进行器械运动时的摔伤；第二类是非授课时间（即课间休息或课外活动时）学生在校园内受伤的事故。

一、体育运动时，我们如何预防器械伤害？

1. 参加体育锻炼时一定要先做好准备活动，使身体逐渐进入运动状态，防止身体没有活动开，肢体僵硬，导致器械碰伤、撞伤。

2. 参加体育锻炼时尽量选择平整的场地。如果在不平整的场地锻炼，脚踝要始终保持一定的紧张度，防止踏踩在不平的地方造成扭伤。通过锻炼增强脚踝的力量，也可以防止在不平整的场地上扭伤脚踝。

3. 参加投掷项目的锻炼时，要注意观察器械下落地区的情况，看无行人穿过，确定安全后再将器械投出。一些通过旋转技术投掷的器械，如铁饼等，一定要在有护笼的场地里进行投掷，防止铁饼出手后飞行的落点超出预定的范围。

4. 使用单双杠、杠铃等器械进行锻炼时，要先检查器械的螺钉、卡扣等是否牢固，避免发生意外。

5. 在球类运动中，不要强迫自己做出没有练习过的动作。要注意防止头顶足球时足球砸在鼻子或者眼睛上，使鼻子出血、眼睛撞伤；防止打篮球抢篮板球时手指挫伤；防止打排球传球时手指扭伤；等等。

6. 参加长跑运动时要选择穿比较松软的衣服、运动鞋，防止在跑步时磨破皮肤。

7. 参加滑冰或滑雪运动时，要注意在失去平衡时顺势摔倒、团身，注意保护自己。不要用硬力对抗，防止由于受到冰刀、雪杖的碰撞、击打而意外受伤。

二、案例中的意外伤害，如果注意预防应该是可以避免的，让我们来了解一些校园集体活动安全预防措施。

1. 遵守活动纪律，听从老师或管理人员的指挥，统一行动，不独自盲目行事。

2. 认真听取有关活动的注意事项，什么是必须做的，什么是可以做的，什么是不允许做的。

3. 参加活动时会接触和使用一些劳动工具、机械电器设备，要仔细了解它们的特点、性能、操作要领，严格按照有关人员的示范、指导进行操作。

4. 不要随意触摸、拨弄活动现场的电闸、开关、按钮等，以免发生危险事故。

5. 在指定的区域活动，不随意走动，防止意外发生。

三、教室是学生主要的学习活动场所，为了避免造成意外伤害，请注意下面一些安全事项。

1. 防磕碰。目前大多数教室空间比较狭小，又放置了许多桌椅、饮水机等用品，所以不应在教室中追逐、打闹，做剧烈的运动或游戏，防止磕碰受伤。

2. 防滑、防摔。教室地板比较光滑，要注意防止滑倒受伤；需要登高打扫卫生、取放物品时，要请他人加以保护，防止摔伤。

3. 防坠落。在楼层较高的教室学习时，不要将身体探出阳台或者窗外，谨防不慎坠楼的危险。

4. 防挤压。在开关教室的门、窗户时容易挤到手，应当小心。

5. 防火灾。不要在教室里随便玩火，更不能在教室里燃放爆竹。

6. 防意外伤害。锥、刀、剪等锋利、尖锐的工具，图钉、大头针等文具，用后应妥善存放起来，不能随意放在桌子、椅子上，防止有人受到意外伤害。

四、集体活动或集会时，意外事故频发，学生在遇到拥挤人群时一定要注意以下几点：

1. 在大家集体下楼时一律不准个别同学上楼，大家集体上楼时一律不准个别同学下楼。不在楼梯通道嬉戏打闹，人多的时候不拥挤、不起哄、不制造紧张或恐慌气氛。无论什么时间上下楼梯都要靠右行走，不跑、不追、不逆行。

2. 尽量避免到人群拥挤的地方，不得已时，尽量走在人流的边缘。每天做完广播操，各班按顺序回班，过楼道时，不拥挤、不推搡、不打闹，不逆行、不停留，严禁在队伍中穿越。

3. 发觉拥挤的人群向自己走来时，应立即避到一旁，不要慌乱，不要奔跑，避免摔倒。顺着人流走,切不可逆着人流前进,否则,很容易被人流推倒。

4. 假如陷入拥挤的人流,一定要先站稳,身体不要倾斜,以致失去重心,即使鞋子被踩掉,也不要弯腰捡鞋子或系鞋带。有可能的话,可先尽快抓住坚固可靠的东西慢慢走动或停住,待人群过去后再迅速离开现场。

5. 若自己不幸被人群挤倒,要设法靠近墙角,身体蜷成球状,双手紧扣于颈后以保护身体最脆弱的部位。在人群中走动,遇到台阶或楼梯时,尽量抓住扶手,防止摔倒。

6. 在拥挤的人群中,要时刻保持警惕,当发现有人情绪不对,或人群开始骚动时,就要做好准备保护自己和他人。

7. 在人群骚动时,要注意站稳,千万不能被绊倒,避免成为拥挤踩踏事件的诱发因素。

8. 当发现自己前面有人突然摔倒时,要马上停下脚步,同时大声呼救,告知后面的人不要向前靠近,及时分流拥挤人流,组织人群有序疏散。

9. 在校内活动时,不许追打跑闹,不要玩危险的游戏和带尖带刃的物品。不许爬高,不许滑楼梯,不许蹦台阶,不许人背人。在教室内玩要时,不要跑、打闹,避免被桌椅等物品撞伤。

10. 上厕所时按先来后到的顺序,不要拥挤,不要推拉,人多时要在外面等候,等人少时再进去。

11. 如果放学时遇到停电事故,不要起哄、喊叫,应该有序下楼,保持安静。

12. 不准乱碰开关,如果遇到突发事件,不要惊慌,要增强自护、自救能力。

【知识链接】

同学们,如果你或者你的同学在校内活动时,已经不可避免地发生了一些意外伤害事故,你该做些什么呢?下面教你几招简单的处理方法:

1. 鼻子出血不要慌,塞入纱布就可行。

挖鼻孔时,可能发生轻微的鼻出血;如果鼻部受到外力打击,鼻内的血管破裂,就可能发生相当严重的鼻出血。鼻出血的病人可以暂时用口呼吸,同时头要向后仰,在鼻部放置冷毛巾。如果出血不止,可以将凡士林纱布塞入出血的鼻腔内。

2. 遇到扭伤或挫伤,马上冷敷有成效。

扭伤多发生在四肢关节处。挫伤指身体被笨重的物体碰伤。在遇到扭伤或者挫伤时,可以立刻做冷敷。冷敷的具体操作方法是:用毛巾蘸冷水,拧干后盖在伤处,也可以用冷水淋洗伤部。冷敷可以每隔 3~4 小时做一次,每次 5~8 分钟。

3. 遇到皮肤擦伤,迅速止血很重要。

擦伤是指身体的裸露部分与地面、墙壁或其他物体猛烈摩擦发生的伤害。处理办法是迅速止血,由于血有自行凝结的能力,所以轻度擦伤的渗透性出血,在数分钟内即可自行停止。大范围的擦伤出血量大,要立即送医院抢救,在送医院途中,也要设法止血或者减少出血量。在止血过程中,切忌用脏毛巾、手绢等物擦洗伤处,以免细菌感染。

4. 遇到骨折不乱动,放平伤者送医院。

骨折是骨头的一种损伤。正确的急救步骤是:首先除去压在伤者身上的障碍物,然后把伤者放平,固定伤肢,注意保暖,在移动伤者时动作要缓慢轻柔。然后迅速送医院处理。切忌盲目翻动伤者的身体,以避免伤及肌肉、神经、血管等。

【模拟训练】

某天自习课时,某校的五层教学楼上突然发出剧烈的响声,所有班级的同学蜂拥而出,整个楼道挤满了人,如果你在现场,该如何预防踩踏事件的发生?

1. 在拥挤的人群中,一定要时时保持警惕,不要总是被好奇心理驱使。当面对惊慌失措的人群时,更要保持情绪稳定,惊慌只会使情况更糟。

2. 已被裹挟至人群中时,切记要和大多数人的前进方面保持一致,不要试图超过别人,更不能逆行,要听从指挥人员口令。同时要发扬团队精神,因为组织纪律性在此时非常重要。专家指出,心理镇静是个人逃生的前提,服从大局是集体逃生的关键。

3. 如果出现拥挤踩踏的现象,应及时联系外援,寻求帮助。

【交流讨论】

1. 体育课篮球训练时,你需要注意防范哪些意外事故的发生?

2. 如何组织一场校园安全知识宣传周活动?

话题2 实习实验自我防护

【引言】

实习实验是学生实践活动的重要组成部分，是对书本知识的延伸和升华，学校在实习厂房、设备及材料等方面提供了比较接近于生产实践的硬件，教学过程中的技能训练内容、生产安全要求、组织管理过程也比较接近于企业的生产环境，这一切都是为了让学生就业后能够尽快适应企业的管理模式，养成良好的职业习惯。无论是实习还是实验，安全永远要放在第一位。

为了做到安全实习，学校一般都制定完备的制度，老师也都会进行安全教育，即使这样，实习伤害事故发生率仍然呈上升趋势。

【案例点评】

案例1：某校实习生进入公司实习时，随指导师傅进行拌料操作，拌料过程结束后，带班师傅进入隔壁车间闲聊，留下实习生一人清洁该混合机中的剩余底料，实习生误启动了混合机，左手被卷入机器而导致残疾。另有一学生在实习时，因操作对象是台旧车床，且车床皮带轮防护罩缺失，在生产过程中袖子不慎被绞，经医院抢救后右手被截肢。

点评：实习时，学生对实习工作过程和生产环境的认识不够充分，安全意识淡薄，操作技能水平低，引发操作失误，导致事故发生。血的教训告诫我们，实习生产中，安全第一，规范操作，切不可马虎行事。

案例2：某学生在做乙酸乙酯的制取实验时，加浓硫酸量过多，操作违规，导致浓硫酸溅出，伤及其他同学。化学实验员和化学老师立即进行安全处理，然后将受伤人员送进医院。事后查明，事故发生时化学老师和化学实验员一前一后在辅导部分学生做实验。在此之前，化学实验员已讲清了有关注意事项及操作步骤，并且在前面已有十多个班做过该实验，没出现任何问题。

点评：学生在实验室做实验时发生意外事故，学校明显应当承担责任。该化学实验员在这起事故发生前履行了自己的告知义务，并且事故是在该化学实验员为另外的学生进行辅导时发生的，而非在其离开的情况下发生，因此该化学实验员不应当对此事故承担过错责任。主要原因是学生本人操作失误，没能掌握实验操作要领。

【安全常识】

实验室安全事故按其发生的原因可分为四种类型:① 因人员操作不慎、仪器设备使用不当和粗心大意酿成的事故;② 因仪器设备和各种管线年久失修、老化损坏酿成的事故;③ 因自然现象酿成的自然灾害事故;④ 人为因素造成的非法侵害或破坏事故。在实验室里,这些事故的表现形式为火灾、爆炸、毒害及机电伤人等。

一、实验室火灾事故发生的原因。

1. 在实验室抽烟并乱扔烟头。

2. 供电线路老化、短路、超负荷运行。

3. 忘记关电源,致使通电时间过长,电器温度过高,电线发热。

4. 电器操作不慎或使用不当。

5. 易燃物品保管或使用不当。

6. 不遵守实验室安全管理规程,违反操作规则,实验中擅自脱岗等。

二、实验室火灾事故的预防。

1. 参加实验的学生在实验前要认真检查实验设备的安全性能状况,发现电线及设备存在故障时,应及时报告实验室管理人员。

2. 学生进入实验室应严格遵守实验室管理规定,不得违规在实验室内吸烟或使用电器。

3. 参加实验的学生在操作设备时应集中精力,严格执行操作规程,使用易燃易爆物品时更要小心谨慎,实验结束前学生不得擅自脱岗,以防发生火灾事故。

4. 参加实验的学生要了解实验室灭火器材的种类、存放位置和使用方法,一旦实验室发生火灾,在报警的同时,立即使用灭火器材灭火。学生还要熟悉实验室的安全通道,以便一旦发生大火能够迅速逃生。

三、实验室爆炸事故发生的原因。

1. 违章操作,没有遵守安全管理规定。

2. 设备老化、存在故障,未及时检修。

3. 易燃易爆物品管理不善,发生泄漏,遇火花引起爆炸。

四、实验室爆炸事故的预防。

1. 了解爆炸物的性能。在接触爆炸物之前,必须了解爆炸物的基本性能,如它在什么条件下会爆炸,有多大的威力,会造成什么样的伤害后果等。

2. 在与爆炸物品接触时,要做到“七防”:防止可燃气体、粉尘与空气混合;防止明火;防止摩擦和撞击;防止电火花;防止静电放电;防止雷击;防止化学反应。

3. 严格遵守各项法律、法规和规章制度。对于爆炸物的使用、管理、运输,国家有关部门都有严格规定,单位也有各方面的规章制度。例如,爆炸演示、试验等,未经指导教师允许,不得擅自操作;实验剩余的爆炸物,必须如数上交,不私拿、私用;不允许私带、私藏、转让、转卖、转借爆炸品。这些规定必须严格遵守,切不可大意。

4. 要严守岗位职责。学生在进行实验、实习时,常常是分组活动,几个人共同进行操作,这就要求学生严格按操作规程行事,听从统一指挥,协调行动,恪守职责。

5. 发现问题,及时报告。如发现丢失爆炸物品或有违反国家关于爆炸品管理规定的行为,不要自行处理,更不能听之任之,必须及时报告老师、学校保卫部门或当地公安机关,便于组织上采取措施,防止危害事故发生。

6. 做好实验设备特别是压力容器的定期检验。

【知识链接】

“安全第一,预防为主”,为了确保实验实训室安全,在实习时要牢记以下安全注意事项:

1. 操作金属切削机床的注意事项。

(1) 穿戴符合规定的衣、裤、鞋、帽(女生戴工作帽),了解机床的结构、性能、操作方法,严格遵守操作规程,听从指导教师和工人师傅的指导,谨慎操作。切削脆性材料、高速切削以及磨削刀具和工件时,要戴防护眼镜。

(2) 开动机床前,检查各传动部位有无异常情况,对润滑点进行润滑,并低速试运转3 ~5 分钟。确认运转正常后,方可工作。

(3) 机床运转时,严禁操作人员离开岗位,严禁变换运转速度,严禁测量工件尺寸,严禁用手触摸旋转的工件、刀具及其他任何运动件。中途停止运转车床,应先退出刀具,避免损伤工件或刀具。操作时,不允许用脚踢手柄。

(4) 按规定的方法使用机床附件(卡盘、卡箍、刀盘、刀杆、刀具、挂轮及挂轮架、分度头、平口钳、虎钳、各种胎具、夹具、模具等)。使用时,除夹紧外,还需要按规定采取防止松动、脱落的装置和措施。

(5) 使用磨床和砂轮机时,砂轮必须安有可靠的金属防护罩。新安装的砂轮,要先检查有无裂纹、破损等影响安全的缺陷。安装后,要试运转5 分钟,试运转和操作时,工作人员和实习学生不得面对砂轮,必须站在砂轮旋转面的侧边。使用砂轮机时,必须戴防护眼镜,不可用力过猛,以免温度升高太快,导致刀具、工件开裂或挤破砂轮,造成事故。磨刀时,手一定要握紧刀体,细小不好拿的刀块或工件,磨削时,应当使用适当的工具夹持,防止其卡住砂轮,造成事故。如果发现砂轮有裂纹或砂轮机(磨床)运转不正常,立即停止使用,切断电源,并及时将情况反映给指导教师和工人师傅。

(6) 装卸工件必须停车,切断电源。安装大工件或调整机床行程时,先观察运动件有无运动障碍,手动确认无碰撞后,再开车。钢板尺、卡尺等量具,扳手、起子、刀具等工具,不得存放在机床导轨、刀架或其他不该摆放东西的机床部位上。

(7) 两人或两人以上操作一台机床时,必须协调好关系。开动机床时,必须通知其他人远离机床相关部位和危险区域,经观察确认后,再开机。不得各行其是,更不得带有情绪操作机床。与机床配合使用的工具,如锉刀等必须牢固安装木把或塑料把。清除切屑时,要使用工具,不得用手清除。

(8) 工作完成后,应清扫机床。将操作手柄打到空挡位置,加注润滑油,切断电源,填写好操作记录。

2. 钳工实习时的注意事项。

(1) 工作时,穿戴好符合规定的衣、裤、鞋、帽(女生戴工作帽),使用的工具,如剔铲、錾子、锤头等,不得有裂纹;锉刀、刮刀等,应安有牢固的木把或塑料把;手锤、大锤等在使用前应检查锤头安装是否牢固。

(2) 使用钻床(台钻、立钻、摇臂钻)时,不准戴手套;停车时,不准用手刹钻卡头;钻小工件时,不准用手拿着钻,必须使用工具夹持;钻出的切屑,不准用嘴吹,不准用手清除。

(3) 使用剔铲、錾子剔削时,必须戴防护眼镜,对面不准站人,而且要设置防护网。锋利的工具,如剔铲、錾子、刮刀、划针等,使用后应放置在安全的地方。

(4) 使用手电钻、手砂轮机等手提式电动工具前,应用试电笔检查是否漏电。

3. 焊接实习时的注意事项。

工作前,穿戴好符合规定的衣、裤、鞋、帽(含绝缘鞋、绝缘手套、防护面罩);检查电焊机是否可靠接地,导线有无破损,电焊把是否完好无损、绝缘可靠。移动电焊机时必须切掉电源。听从指导教师和工人师傅的指导。未经本专业指导教师和工人师傅允许,不准自己操作。随时防止烧伤、灼伤。操作时,严格遵守操作规程。气焊实习时,除了要穿戴好符合规定的衣、裤、鞋、帽及防护镜等外,还要检查燃气瓶和氧气瓶是否漏气或超压,燃气瓶和氧气瓶与明火的距离是否大于10米,操作现场有无油污及其他易燃易爆物品,燃气瓶和氧气瓶是否被阳光直射,减压保护装置及其安装是否可靠,燃气和氧气导管是否完好,装卡是否紧固等。

4. 其他实习时的注意事项。

在铸造作业线、锻造作业线、冲压作业线、机械加工作业线、组装作业线、测试作业线、试车作业线、石油化工以及矿山作业现场等实习时,必须遵守实习现场的安全规程，严禁操作或触摸不该动的阀门、开关、手柄、按钮等；不得触摸不该动的工件、毛坯及其他物品，避免误动设备或受伤。进入工作区时，应走规定的通道，不得靠近危险的设备，不得进入危险的区域。随时注意空中吊车吊装物件，注意铲车、电瓶车运送工件物品；行走时注意避免绊倒，注意防滑和防范铁屑划伤腿脚。

【模拟训练】

学生进行操作实习或者观摩实习时，应该注意哪些事项？

1. 参加操作实习或观摩实习时，必须严格遵守作息制度，遵守实习纪律，接受实习老师的安全教育，遵守实习劳动安全规章。上课时严禁嬉戏打闹，不得从事任何与实习无关的活动。

2. 在进入厂区、车间、油田、矿山现场及试验室时，不准跑跳；行走也要注意安全，必须穿戴符合规定的衣、裤、鞋、帽（女生必须戴工作帽）。夏天，不准穿短裤、裙子、裙裤、拖鞋、凉鞋等；冬天，不准穿大衣，不准围围巾，衣裤必须紧口贴身。

3. 操作金属切削机床，一律不准戴手套。操作或参观需要攀爬登高时，必须先检查梯子和站人的地点是否牢固，并遵守攀爬登高的穿戴着装（衣、裤、鞋、安全帽、安全带等）的规定。

4. 在厂区、车间、油田、矿山现场及试验室内，凡是自己不懂的或不属于自己操作的设备、阀门、开关、手柄、按钮等，不得操作或触摸；不该接近的设备不得靠近；不该进入的区域不得进入。

5. 进入实习现场，禁止吸烟，禁止使用明火，禁止携带打火机等火源。

【交流讨论】

1. 在车工实训时，有女同学觉得把头发盘起来戴工作帽不好看，对此你有什么看法？

2. 夏天，焊工实训室有男生嫌热，不愿意穿长袖的工作服，你怎么看？

第二章　伤不起的健康

话题 1　传染病可预防

【引言】

传染病,是由各种致病微生物和寄生虫侵入人体后引起的一种可传播性疾病。学校人群聚集,流动性大,接触面广,是传染病的易发场所。青少年由于免疫功能尚不完善,抵御各种传染病的能力较弱,一旦染上传染病,极易传染给他人,并可扩大到家庭和社会。因此,学生要了解传染病的防控知识,高度重视传染病的预防和控制。

【案例点评】

案例 1：2006 年 3 月 16 日某技校出现首例风疹出疹病人,该患者发热,体温为37.0~37.5 摄氏度,出疹部位先为头部,蔓延至躯干、四肢,耳后淋巴结肿大,麻疹黏膜斑阴性。发现病例后,学校立即报告卫生防疫部门。4 月 3 日—10 日,共出现病人 13 例,为一次发病高峰;4 月 11 日—24 日,出现 2 例病人;4 月 24 日后未出现新发病例。疫情共持续 41 天。

所有出疹、发热的学生均安排隔离治疗,隔离期为出现症状到症状消失后 1 周;教室和学生宿舍加强通风,对教室和学生宿舍的地面、物品进行消毒;为未发病的学生迅速接种风疹疫苗;加强监测,掌握学生缺勤、缺课情况,对新出疹、发热病例及时进行诊治;开展健康教育,提高学生自我保护能力。通过实施以上防控措施,疫情迅速得到了控制,未对学校教学秩序和学生健康造成太大的影响。

点评：风疹属丙类传染病,主要通过空气飞沫传播,极易传染。此次疫情发生正处于春季,春季为呼吸系统传染病高发季节。由于该校对传染病疫情发生的敏感度较高,且加强了传染病监测工作,采取一系列措施,在短时间内控制了疫情。

案例 2：2010 年 9 月上旬,全国部分地区出现了小范围聚集性急性出血性结膜炎(俗称“红眼病”)疫情,青岛地区 9 月 15 日也陆续出现了红眼病患者。某高校于9月14日—25日也相继出现493名红眼病学生，大多数病人有眼睛发痒、疼痛、眼肿、畏光、流泪，眼分泌物增多等症状。在当地疾病预防控制中心的调查和指导下，学校立即采取了一系列有效的防治措施，疫情在短时间内得到了控制，所有急性出血性结膜炎患病学生均痊愈，无一例危重病例。

点评：急性出血性结膜炎是夏秋季的一种常见病，在卫生状况不良、人群密度大的单位易流行。患者应避免进入公共场所或参与社交活动。早期发现病人，对病人采取隔离治疗（隔离期为7—10日），防止家庭成员之间、群体之间接触传播是极其重要的防控措施。

【安全常识】

通过上述两个案例，我们要清醒地认识到，要有效防控传染病，要做到早发现、早诊断、早报告、早隔离、早治疗。那么，了解有关传染病的一些知识就显得非常重要。

一、传染病的特点有哪些？

1. 流行性：传染病可在一定时期内迅速传播，涉及面广，发病率高，造成区域性流行。

2. 季节性：某些传染病在一些季节发病率高或只在固定季节发生。例如，流脑脊髓膜炎多在冬春季发病。

3. 地方性：受地理环境、气候条件以及经济、文化、卫生状况等影响，有些传染病只在某些地区内发生，称为地方性传染病。例如，血吸虫病在长江以南多水地域较为常见。

4. 周期性：某些人数年前得传染病，数年后当免疫力低下或病体变异时再度发病，就称为周期性发病。

二、传染病的传播途径有哪些？

1. 呼吸道感染：细菌通过灰尘或飞沫进入人的口腔、鼻咽、气管、支气管、肺部等，从而引起呼吸系统传染病。例如肺结核，就是由结核杆菌经呼吸道进入人体引起的，人感染了结核杆菌后不一定发病，抵抗力下降时才引起肺结核。

2. 消化道感染：病菌可通过被污染的手、食物、器具、水源等，经口从消化道进入人体。例如，细菌性痢疾就是进食被细菌污染的食物后，引起的以全身中毒症状为主的肠道传染病。

3. 经皮肤黏膜感染。

4. 经产道感染：如淋病，患本病的孕妇可使新生儿出生时经产道受到感染。

5. 经皮肤及血液感染:如狂犬病病毒通过咬破的伤口进入人体,脑炎病毒通过昆虫叮咬进入人体,乙肝病毒通过输血或注射等途径进入人体。

6. 经眼及泌尿生殖道感染:如疱疹病毒、腺病毒等经毛巾、面盆、澡盆、污染的水等使人体感染。

三、传染病的一般防治方法有哪些?

传染性疾病的传播,主要在于三个环节,即传染源、传播途径和易感人群,要注意管理好三个环节,控制传染源,切断传播途径,保护易感人群。除了要达到一般的卫生要求外,还要有较周密的防疫措施,对个人来说,要加强预防和自我保健意识。改善营养,注意卫生,锻炼身体,增强抵抗力。

对于传染性疾病病人必须综合治理,除治疗病人外,还要进行消毒、隔离、检疫、流行病学调查、卫生宣教等,既要治好患者,又要防止传染病扩散。患者应注意休息,进食营养丰富的食物,辅以心理治疗,增强与疾病作斗争的信心。治疗用药中最常用的是抗生素制剂或化学药物制剂,有的传染性疾病可用抗毒血清或噬菌体治疗,对高热者应用物理降温法,对呼吸困难者应输给氧气,急性患者因高热、吐血等流失大量体液时,要注意补给电解质,同时可采用中医疗法,进行辨证施治。

四、应当怎样防治传染病呢?下面,通过列举两例常见的传染病,分析一下它的特点、症状、预防措施和防治办法。

1. 非典型性肺炎是一种有较强传染性的新型传染病,国家现已将它列为法定新型传染病。

(1) 流行特点:非典型性肺炎常发生在冬末春初,它通过接触病人呼吸道分泌物传播,鼻、口、眼、手等途径都可传播,人群普遍易感。在家庭和医院有传染病聚集现象。

(2) 临床症状:高烧、干咳,没有一般流感的流涕、咽痛等症状,也没有通常感冒常见的白色或黄色痰液,偶有病人痰中带血丝,有病人出现呼吸急促的现象,个别病人出现呼吸窘迫综合征。

(3) 预防措施:学校人口密集,处在生长发育期的青少年儿童,其自身免疫力和抵抗疾病的能力较成人弱;同时,学生食宿和学习都在一起,相互接触较密切。因此,学生在学校应采取以下预防措施:大力改善学校的环境卫生状况,空气中可用过氧乙酸溶液喷雾消毒;室内要保持通风透光的良好条件;要均衡膳食,调节营养,防止过度紧张和疲劳;多参加户外体育锻炼;尽量少到人群聚集且空气又不流通的场所;根据天气变化,及时防寒保暖;去探视已经确诊是非典型性肺炎的病人,一定要按医生的要求做好保护措施,如戴好加厚的口罩,探望后要洗手、换衣等;一旦有发热、咳嗽、全身酸痛等症状,要向学校报告并及时到医院诊断治疗。

此外,学生应注意保持良好的个人卫生习惯,勤洗澡,勤换衣,勤洗手,勤晒衣服和被褥。打喷嚏、咳嗽和清洁鼻子后要洗手,洗手后,用清洁的毛巾或纸巾擦干。不要共用毛巾,注意均衡饮食、定期运动、多加休息,以增强抵抗力和免疫力。避免前往空气不畅、人口密集的公共场所。

(4) 防治办法:卫生部公布了非典型性肺炎病例的推荐治疗方案。

一般性治疗:休息,适当补充液体及维生素,避免用力和剧烈咳嗽。密切观察病情变化(多数病人在发病后 14 天内都可能属于进展期)。定期复查胸片(早期复查间隔时间不超过 3 天)、心、肝、肾功能等。

对症治疗:对发热超过 38.5 摄氏度者、全身酸痛明显者,可使用解热镇痛药。对高热者给予冰敷、酒精擦浴等物理降温措施。对咳嗽、咳痰者给予镇咳、祛痰药。对有心、肝、肾等器官功能损害的,应该做相应的处理。

2. 流感。

流感是由流感病毒引起的急性呼吸道传染病,多发于冬春季节。

(1) 传播途径:流感病人及带病毒者是流感的主要传染源,由空气中的飞沫传播。其最显著的特点为突然发生,迅速蔓延,并有一定的死亡率。

(2) 临床症状:突然高热、发冷、头痛、乏力,全身中毒症状较重,体温可达 39 ~40 摄氏度,一般 2 ~3 天后退热。有些病人也常有恶心、呕吐和腹泻等症状。由于流感令机体抵抗力下降,患者易受细菌并发感染。常见并发症有肺炎、心肌炎等。致死原因常见于并发症,特别是儿童、老人或体弱、患有慢性病的人。

有一种肺炎型流感比较凶险,叫流感病毒性肺炎,对人体危害极大,可使人发病后几小时内出现高热、功能衰竭、烦躁、剧烈咳嗽、吐血性痰等症状。如果高热持续不退,全身症状日益加重,一般在 5 ~10 日内就会发生呼吸或循环功能衰竭。

另有一种单纯型流感,可继发细菌性肺炎,其致病菌为金黄色葡萄球菌、肺炎双球菌和嗜血流感杆菌,其病变可导致支气管肺炎、大叶性肺炎,也可能形成肺脓肿。发病初期多为典型的流感症状,2 ~4 天后病情加重,体温升高,全身中毒症状加重,咳嗽剧烈,胸痛。遇到这种情况,应适当用抗生素治疗,治疗效果较好。如果是流感病毒性肺炎合并继发细菌性肺炎,则病情会更加严重。

(3) 预防措施:流感是当前人类还不能有效控制的传染病,至今对流感尚无满意的治疗手段。流感疫苗接种仍是当今防止流感发生和流行最有效的措施之一。一些易感人群,如老年人及免疫系统有缺陷或患有慢性病(如糖尿病、结核病、艾滋病)的人,都应接种流感疫苗。由于流感的高发期为每年的秋天到冬天,所以接种疫苗的最佳时间为 9 月到 11 月中旬。

除了接种流感疫苗外,还应经常开展体育运动,以增强自身的抵抗力和增进对自然环境的适应性。

室内要经常通风，减少大型集会活动，不要常去人群集聚的公共场所以减少感染机会。

注意根据气温变化增减衣服，外出时提倡戴口罩，避免外感风寒。及时医治易诱发流感的疾病，如营养不良、贫血、肠寄生虫症等，以防双重感染。

【知识链接】

一、依据《中华人民共和国传染病防治法》规定，传染病分为甲类、乙类、丙类。

甲类传染病是指鼠疫、霍乱。

乙类传染病是指病毒性肝炎、细菌性阿米巴痢疾、伤寒和副伤寒、艾滋病、淋病、梅毒、脊髓灰质炎、麻疹、百日咳、白喉、流行性脑脊髓膜炎、猩红热、流行性出血热、狂犬病、钩端螺旋体病、布鲁氏菌病、炭疽、肺结核、流行性和地方性斑疹伤寒、流行性乙型脑炎、黑热病、疟疾、登革热。

丙类传染病是指血吸虫病、丝虫病、包虫病、麻风病、流行性感冒、流行性腮腺炎、风疹、新生儿破伤风、急性出血性结膜炎以及除霍乱、痢疾、伤寒和副伤寒以外的感染性腹泻病。

国务院可以根据情况，增加或减少甲类传染病病种，并予以公布；国务院卫生行政部门可以根据情况，增加或减少乙类、丙类传染病病种，并予以公布。

二、预防接种是预防传染病最经济、最有效的方法。以下是几种传染病的预防疫苗品种。

疾病	预防疫苗	疾病	预防疫苗	疾病	预防疫苗
麻疹	麻疹疫苗	风疹 流行性腮腺炎	风疹疫苗 腮腺炎疫苗	乙型肝炎 破伤风	乙肝疫苗 破伤风疫苗
流感	流感疫苗	水痘	水痘疫苗	流脑	流脑疫苗
乙脑	乙脑疫苗	手足口病	尚无可预防疫苗		

【模拟训练】

假如你的一位亲戚患有结核病，探望他时该注意哪些事项？

结核病过去俗称“痨病”，是由结核杆菌主要经呼吸道传播引起的全身性慢性传染病，其中以肺结核最为常见。结核病的传播途径有呼吸道、消化道和皮肤黏膜接触，但主要通过呼吸道传播。容易感染的人群为有密切接触的人群和机体对结核菌抵抗力较弱的人群。

肺结核病人在治疗前有的属于开放性的结核，呈阳性，有传染性，经过治疗后虽然还没有治愈，但能转变为阴性，一般就没有传染性了。探望时不要有太近的接触，对病毒抵抗力弱的人最好避免与患者接触，有可能的情况下要戴口罩。

【交流讨论】

1. 大家来谈谈怎样预防感冒。
2. 甲肝病毒携带者会将病毒传染给别人吗？

**话题 2** 突发病勿慌乱

【引言】

学生在校期间，时常会出现突发病，严重时会出现猝死的情况。猝死是指平时似乎健康的人由于潜在性疾病或功能障碍而突然出人意料地死亡。世界卫生组织（WHO）规定：从症状或体征出现后 24 小时以内死亡者称为猝死或急死。

猝死者一般是主要器官有潜在疾病、暴发疾病或为异常体质和过敏体质。猝死可发生在谈笑、看电影、上网、听故事、吵架、饮酒、吃饭、大小便、洗澡、行路、乘车、劳动、吸烟、睡眠等各种情况下；绝大多数死于医院外，少数死于急诊室或住院时。

【案例点评】

案例 1：上海市某中学 16 岁的李某于某年 8 月 30 日到一网吧上网打游戏，由于连续两天通宵达旦上网，过度兴奋、紧张、疲劳引起剧烈头痛，8 月 31 日凌晨 4 点多，在无法忍受的情况下，经网吧服务生的指点外出购买止痛药，结果走到网吧大门口就昏迷，跌倒在路边，后被警方送往医院抢救，最终因脑出血死亡。

点评：根据一般医学常识，当常人处于高度紧张的情况下时，人的血液循环会加快，神经系统紧张，心跳加速，生理机能会发生一定的变化。李某长时间静坐着打游戏，大脑和神经系统始终处于高度紧张状态，持续时间又较长，诱发李某脑出血而猝死。

案例2：2006年11月13日中午饭后，某技校学生梁某某与隔壁班学生潘某某在教学楼男厕所门口推打，之后被同学劝开。12时10分左右，两人在教室外走廊再次推打，后又被同学拉开。下午2时30分左右，梁某某在上课时突然晕倒，任课老师马上与4名学生一道将其送往校医务室。校医经过诊断后，立即给梁某某打了急救针并做胸外心脏按压和人工呼吸，之后医院急救车和医生赶到并开始抢救。当日下午6时许，梁某某因抢救无效死亡。

点评：情绪激动诱发猝死。对梁某某的死因，在中山大学法医鉴定中心进行鉴定之后，省公安厅作出了对死者家属的信访答复意见："经复检，死者除右小腿后方有一小块的皮内出血外，尸表其余部位无暴力打击致伤痕迹，可排除机械性暴力打击致死。毒化检验结果可排除常见毒物中毒死亡。"最后结论为：根据死者死前2小时与人发生纷争，互相推打，情绪激动的事实，梁某某的死因为与人纷争、推打、情绪激动等因素诱发猝死。

案例3：萧山市某学校的操场上，正在上体育课的阿男跑着跑着，突然蹲到地上，脸色发白。老师发现阿男的异常情况后，立即将其送到医院就诊。虽经急救，但阿男还是在20多分钟后死亡。医生在诊断记录上写下：阿男患有胸腺增生肥大症。

点评：在事情发生之前，包括阿男的家长和班主任老师在内，没人知道孩子患有胸腺增生肥大症。阿男属特异体质或者患特定疾病的学生，不宜参加一些剧烈活动。如果之前通过体检知道身体缺陷，有效地加强自我保护，不参加一些剧烈活动，悲剧也许不会发生。

【安全常识】

以上案例说明，学生突发疾病可能会影响到生命安全，及时、正确的急救措施可以挽救一个人的生命，以下是一些突发病的常见急救方法。

一、中暑。

(1) 立即将病人移到通风、阴凉、干燥的地方。

(2) 让病人仰卧，解开衣扣，脱去或松开衣服。

(3) 尽快降低体温，降至38摄氏度以下。

(4) 可饮服绿豆汤、淡盐水等解暑。

（5）还可服用人丹和藿香正气水。

（6）对于重症中暑病人，要立即拨打120急救电话。

二、急性心肌梗死。

遇到这种病人，首先应就地抢救，让病人平躺，保持室内安静，不可经常翻动病人，并注意病人的保暖和防暑。家中如有药物，应给病人口含硝酸甘油或其他可以扩张血管的药，等病情稳定后再设法送医院治疗。

三、心绞痛。

心绞痛的症状为胸闷、胸痛。家属应让患者静卧，如家里备有速效救心丸，可服用一定量的速效救心丸，还可服用一些扩张血管的药，有氧气袋的也可吸吸氧。这样一来，有些患者病情能自行缓解，对病情无法自行缓解的患者，及时拨打120急救电话。

四、高血压。

急救者应让病人取半卧位，可舌下含服硝苯地平1片或复方降压片2片，如果病人烦躁不安，可另加安定片2片，必要时吸氧。对已昏迷病人应注意保持其呼吸道畅通。病人取平卧位，用仰头举颏法使病人的气道打开。经以上处理后，病人病情仍不见缓解，应迅速送病人入院治疗。途中力求行车平稳，避免颠簸。

五、突发性脑出血。

出现脑出血时，病人周围环境应保持安静避光，减少声音的刺激。病人取平卧位，头偏向一侧。脑后不放枕头。将病人领口解开，用纱布包住病人舌头并拉出，及时清除口腔内的黏液、分泌物和呕吐物，以保持气道通畅。用冰袋或冷毛巾敷在病人前额，以利止血和降低颅内压；搬运病人动作要轻。途中仍需不断清除病人口腔内分泌物、痰液和其他异物，注意保持气道通畅。

六、中风。

1. 先让患者卧床休息，保持安静，尽快与急救中心联系。

2. 中风可分为出血性中风和缺血性中风，在诊断不明时，不要随便用药，因为不同类型的中风用药各异。

3. 掌握正确的搬运方法：不要急于把病人从地上扶坐起，应两三人同时把病人平托到床上，头部略高，但不要抬得太高，否则会使呼吸道狭窄而引起呼吸困难；转送患者时要用手轻轻托住患者头部，避免头部颠簸。

七、哮喘。

病人发作时，应取端坐位或靠在沙发上，头向后仰，使呼吸道充分通畅；及时清除口鼻腔内的分泌物、黏液及其他异物；同时鼓励病人多喝温开水，急救者可用手掌不断拍击其背部，促使痰液松动而易于咳出。适当服用祛痰和抗过敏药物，如溴己新、川贝枇杷露、阿司咪唑等。一般不宜服用带有麻醉性的镇咳药。经上述处理,病情仍无好转,则应迅速送病人去医院急救。

八、脑震荡。

若病人处于昏迷状态,要轻轻地为其翻身,使其呈侧卧位,并记录时间。不可让病人受震动或使病人颈部前屈,尽量使病人保持后仰位置。安静地转送病人至脑神经外科医生处。

九、胃穿孔。

1. 不要捂着肚子乱打滚,应朝左侧卧于床。

2. 如果医护人员无法及时到达,但现场又有些简单医疗设备,病人可自行安插胃管。

十、急性胰腺炎。

如病人在餐后1~2小时内,出现剧烈而又持续的腹痛,并向左腰背部蔓延,伴有恶心、呕吐等症状,可考虑患急性胰腺炎。急救的要领是要求病人完全禁食,并急送医院。

十一、脑血管疾病。

解开病人衣领,使其立刻服药,不要盲目移动病人,不要让病人头位过高,最好平卧,头偏向一侧,用冰毛巾或冷毛巾敷病人额头,并立即送医院。

十二、异物卡住嗓子。

如被鱼刺、鸡骨卡住食管,应立即停止进食。异物卡在显眼处时,可用镊子取。如位置较深,应立即到医院处理。

十三、酒精中毒。

对饮酒过量,导致狂躁症状者,不能使用镇静剂,也不要用手指刺激咽部催吐,因为这样会使腹内压增高,导致肠内容物逆流而引起急性胰腺炎。

【知识链接】

突发疾病时,除了第一时间拨打急救电话120外,掌握一些急救知识,对延缓病人的生命可能会起到决定作用。

一、心脏病“动不得”。

心脏病突发一般有心绞痛和心肌梗死两种情况。如果已确诊为冠心病的人发生胸闷、气短或胸部压榨性疼痛等症状,在急救人员没到之前,先让病人保持一个舒服的体位,比如半卧位,一定不要乱动。如果有条件,可以让其吸氧。心绞痛病人发病时可舌下含服1片硝酸甘油,一般30秒到1分钟就能见效。如果无效,

3～5 分钟后可再含服 1 片，最多 3 片。

在等待急救车时，如果病人突然倒地，意识不清，面部、四肢抽搐，脸色难看，说明可能要发生心脏骤停了。此时电击除颤是挽救生命的关键措施。如果没有专业的除颤器，家属可以迅速让病人仰卧，给其进行一次胸部叩击（拳头距胸部正中上方二三十厘米，用力向下叩击一次）。接着进行心肺复苏，先做心脏按压，再做人工呼吸。

二、脑出血“颠不得”。

患有高血压的人，容易发生脑出血，一旦发生脑出血，死亡率很高。一开始，患者会出现嘴歪眼斜、说话大舌头等症状。随后，大多数患者会突发性昏迷，喷射状呕吐。

等待急救时，可以先让患者侧卧，保持不动，避免呕吐物堵塞气道，千万不要灌药或喝水。为了避免加重脑出血症状，搬运病人过程中要尽量少颠簸，最好就近治疗，待病情稳定后再转院。在车辆、担架上时，要保持病人头位于高位，不要晃动（可以用手固定）。同时，还应将患者的头歪向一侧，以便呕吐物流出。

三、脑血栓“慢不得”。

缺血性脑中风，俗称“脑血栓”。发病后的 6 小时尤其重要，一旦超过 6 小时，就失去了药物治疗的最佳时机，可能因为脑组织缺血时间过长，而发生各种中风后遗症。

所以，发现病人有言语不清、肢体轻瘫或发麻的症状，一定要第一时间打急救电话，去医院进行详细诊断，看是不是有脑出血的情况。在等待救护车的时候，家属可以让病人平躺，别枕枕头，更不要贸然用药。如血压太高，可以吃一些降压药。

四、哮喘“背不得”。

哮喘是冬季多发的一种凶险疾病，病情进展很快。支气管哮喘病人发病时，首先要服用平时用来缓解病情的药物，比如气喘喷雾剂，同时取半坐位吸氧。

如果发生心脏性哮喘，发病时血压高，可服用硝酸甘油 1 片，无效可再服 1 次。然后，使病人采取坐位，最好让双脚垂下。同时，解开病人衣领扣，放松裤带，及时清除口腔内的痰液，有条件的可以让病人吸氧。搬运患者时，不要用背的方式，以免引起呼吸、心跳骤停。

【模拟训练】

一、课外活动期间，一位同学在跑步时突然晕倒，你该如何处理？

1. 立即将该同学移到通风、阴凉、干燥的地方休息。

2. 在第一时间请求附近的老师帮忙，如有必要应立即拨打120。

3. 请有经验的老师或学生实施现场急救。

4. 到医院进一步诊断病情。

5. 及时向学校领导和家长汇报情况。

二、某高校大四学生张某在面试归来的途中突发心肌梗死，被同去的同学送往医院后医治无效死亡。根据医生的判断，如果当时同学和周围旁人及时采取有效的急救措施，张某还有生还的希望。假如当时你在场，该如何采取有效的急救措施？

1. 拨打120紧急呼救。

2. 使呼吸道通畅。将病人抬至通风的地方，解开衣领扣子。戴假牙的病人一定要取下假牙。使病人处于仰卧体位，躺在坚固的平（地）面上。用手按压病人额头并稍加用力，另一只手的食指和中指置于病人下颌将其上提，使患者头部后仰以保持气道通畅。

3. 人工呼吸。救护者深吸一口气，用压病人额头的拇指、食指捏住病人鼻孔，双唇将病人嘴包严，再进行口对口吹气。每吹气一次，放开捏病人鼻孔的手，使其将气呼出。救护者侧转头，吸入新鲜空气，并观察病人胸部起伏情况，再进行第二次吹气。一般以吹气后病人的胸廓略有隆起为宜。

4. 胸外按压。就是在体外对心脏区域胸廓施加压力，促使心脏工作，维持血液循环。这里要特别指出，应将病人置于硬板床或平整地面上，否则将会影响急救效果。将手的中指对着病人颈部下方的凹陷处，手掌贴在胸廓正中，另一只手压在此手上，两手掌根重叠，手指相扣，手心凸起，离开胸壁，两臂伸直垂直向下压，使胸廓下陷3~5厘米，然后放松，反复进行，每分钟100次为宜。胸外按压和人工呼吸同时进行时，以每按压30下吹气2次为宜。

【交流讨论】

1. 突发疾病的一般处理原则是什么？

2. 谈谈建立学生疾病申报制度的必要性。

第三章　同学间的交往

话题1　防人身伤害

【引言】

目前，职业学校学生暴力犯罪问题日益突出。暴力犯罪是普通刑事犯罪中最为严重的一种。职业学校学生暴力犯罪对社会造成了严重危害，同时，犯罪学生自身也是最大的受害者。对于这些青春年少的学生，人们在扼腕痛惜的同时，也在思考如何使其远离犯罪。

【案例点评】

案例1：某技工学校学生杨某和张某是同班同学，他们之间曾经发生过矛盾。一天，杨某对张某说："等一下，我们一起回去。"张某就以为杨某要打他，于是他就去叫了所谓讲义气的同学石某、王某等6人，一起商议如何对付杨某，然后尾随杨某，其中一人向杨某挑衅，而杨某当时可能因为人少，对其未加理睬。但后来杨某却纠集了10多个人，拦在路上向张某这方挑衅，接着双方互相殴打，最后张某这方的一位同学头部受到严重打击，被打成重伤。

点评：同学间的打架斗殴往往是因为学生在交往、相处或参与各种活动时，彼此之间发生了小的矛盾纠纷或是冲突，没有理性克制，而是以较为刚性甚至是挑衅的语言指责、刺激对方，继而拳脚相向，大打出手，有的学生甚至纠集社会人员加入到群殴中，最终酿成较严重的后果。本案例的严重后果就是张某、杨某等人的不理智、不顾后果所造成的。因此，学生在日常学习生活中，面对与同学发生的各种纠纷，都应积极主动寻求文明礼貌、合理合法的方式妥善解决，而不应通过打架，甚至聚众斗殴的方式解决，以免造成他人和自己的身体伤害。否则，其后果只能是害人害己，并将受到校规校纪处分，甚至要受到法律的严惩。

本案是一起聚众斗殴事件，案件中有三人因在聚众斗殴中故意伤害他人致人重伤，构成了故意伤害罪，刑法规定对故意伤害他人造成重伤要处以3年以上10年以下有期徒刑。而案件中因为讲义气出手帮忙的同学，同样受到了不同程度的处罚。

案例2：17岁的魏某因犯故意伤害罪被判刑，这是交友不慎造成的。据魏某自述，他在同学的生日宴会上认识了出手大方的王大哥，王大哥经常请他去餐馆吃喝，带他去网吧上网。魏某的父母工作繁忙，没时间陪他，王大哥成了魏某的好朋友和崇拜的偶像。一天，王大哥突然对魏某说："有一个小子总跟我过不去，我不便出面，你替我教训教训他，反正他也不认识你。"被王大哥这么一蛊惑，原本老实听话的魏某为了哥们义气便答应帮忙，手拿木棒朝那个人的头上猛击一棒，导致那个人头部受了重伤。

点评：案例中魏某为了哥们义气，做出违法犯罪的事。近朱者赤，近墨者黑，青少年一定要慎择友，择良友。面对朋友的要求，必须保持头脑清醒，以法律和道德为标尺进行衡量，三思而后行，不可随意迁就，否则会铸成大错。青少年要树立法制观念，增强法律意识，提高自我的预防犯罪能力，时刻珍惜现在所拥有的幸福、自由、快乐。

案例3：某技校学生小乐，他那1.80米的个头在班上可谓出类拔萃，许多同学都自愧不如。小乐平时自认为已长大成人，便处处以大人自居。16岁生日那天，他从父母那要了600元钱，把几个要好的同学请到饭店，借生日之机潇洒起来了。开始时，大家还比较拘束，当有一位同学提议一起唱歌时，大家连声附和。于是，一伙人一边乱哄哄地唱歌，一边用筷子敲碗，用脚使劲蹬地板，当服务员进来劝大家声音轻一点、动作文雅一点时，小乐把眼珠子一瞪："老子付钱喝酒，敲坏东西我赔。"一句话把服务员气得半死。不一会，经理走了进来，他刚想发话，便被小乐一把抓住衣领，死命往外推。经理反抓住小乐的衣服，请小乐一伙人出去。正在此时，不知谁大喊一声："经理有什么了不起？今天就给你点Color See See。"小伙伴们应声而上，你一拳、我一脚，把经理打得趴在地上，有人还趁机摔酒瓶、砸盘子。服务员一见不好，连忙打110报警，警察及时赶到，事情才平息下来。后经法医鉴定，经理肋骨挫伤，牙齿脱落一颗，身体多处受伤；同时查明，饭店的财物损失3000余元。鉴于小乐等人在公共场所寻衅滋事，破坏社会秩序，造成一定的财产损失和人身伤害，公安机关以寻衅滋事为由，对小乐等人依法刑事拘留。

点评：这是一起寻衅滋事案，在现实生活中时有发生。所谓寻衅滋事，是指在公共场所无事生非、起哄闹事、殴打伤害无辜、肆意挑衅、横行霸道、毁坏财物、破坏公共秩序，情节严重的行为。小乐等人在公共场所无事生非、起哄闹事，扰乱公共秩序，还造成了他人受伤以及财产损失等后果，是典型的寻衅滋事行为。小乐等人殴打经理、砸坏饭店财物，并不是因为与该饭店有冤仇，主要还是因为这些青少年想要通过暴力的方式寻求精神刺激，逞能耍酷，从而造成了无法弥补的后果。

【安全常识】

一、上述案例中学生打架斗殴、寻衅滋事等故意伤害他人的行为，有哪些危害？

1. 扰乱学校正常的教育、教学秩序，影响同学们正常的学习和生活。

2. 严重影响当事人的身心健康。打架斗殴是一种典型的故意伤害行为，加害者以故意损害他人身体健康为目的，所以打架斗殴的结果往往是使受害者身体损伤，遭受伤痛的折磨，甚至造成残疾。对加害者来说，可能会引起他无尽的自责、仇恨的加深，有的甚至会自暴自弃，走上一条自我毁灭的道路。

3. 给加害人的家庭造成巨大的经济负担。人的生命和健康是无价的，可以说，以损害他人生命和健康为目的的打架斗殴行为，其后果往往是要支付巨额的赔偿。

二、为什么有的同学会故意伤害他人，参与打架斗殴呢？主要原因有以下几点：

1. 个人行为霸道引起打架斗殴。我们可以看到这样的现象：有的同学看见某某同学老实，开始动手欺负一下，结果这位同学没有反抗。后来，这种行为和现象没有得到及时的纠正，后果是欺负这位同学的人渐渐增多。指使别人买东西、命令别人为自己做一些小事等，欺负别人的心理逐渐膨胀、扭曲、变态，麻烦由此产生。

2. 不良嗜好、高消费引起打架斗殴。受社会不良习气的影响，学生容易模仿电视、电影中抽烟、喝酒的行为。如果家长和学校管理不严，防范不力，少数学生就会上瘾。有的学生为了尝试吞云吐雾、醉生梦死的体验，不惜铤而走险、以身试法。

3. 语言行为粗鄙引起打架斗殴。有的学生不注意自己的言行，语言污秽，行为粗鲁，不以为耻，反以为荣。由三言两语引起的冲突并不少见。

三、同学们在日常生活中应当如何加强自我保护？

1. 增强法律意识，提高明辨是非的能力。要多学点法律知识，弄明白什么是违法、什么是犯罪，只有明白了这些，才有可能使自己不做违法犯罪的事，同时也有可能制止他人违法犯罪。

2. 增强同犯罪分子作斗争的勇气。为什么校园犯罪屡禁不绝？一个重要的原因是同学们没有团结起来，缺少同犯罪分子作斗争的勇气。例如，有犯罪分子侵入某中学学生宿舍抢劫，五六十个学生面对5个犯罪分子的暴力威胁，竟然会束手无策，让他们得逞，原因就是在场的学生因犯罪分子的暴力而屈服。

3. 掌握防卫方法。一是要看好自家门，宿舍门要随时关好，钱财要妥善保管；

二是要及时报告，一旦自己或者同学遇到不法侵害，或者同学有什么不良的动向，要及时向学校老师或者保卫科报告，让老师介入处理；三是外出要请假，夜行要结伴，让同学、老师知道自己的去向，防止犯罪分子得逞。

【知识链接】

一、伤害他人如何定罪?

故意伤害罪，是指侵害他人的身体健康，采用暴力殴打、用刀具器械砍刺等方法，造成他人轻伤、重伤、伤残等。根据我国《刑法》规定，故意伤害他人身体的，处3年以下有期徒刑、拘役或者管制。致人重伤的，处3年以上10年以下有期徒刑。致人死亡或者以特别残忍手段致人重伤造成严重残疾的，处10年以上有期徒刑、无期徒刑或者死刑。

我国《刑法》第293条规定：有下列寻衅滋事行为之一，破坏社会秩序的，处5年以下有期徒刑、拘役或者管制：随意殴打他人，情节恶劣的；追逐、拦截、辱骂他人，情节恶劣的；强拿硬要或者任意损毁、占用公私财物，情节严重的；在公共场所起哄闹事，造成公共秩序严重混乱的。

二、如何正确区分打架还手和正当防卫?

我国《刑法》第20条规定：为了国家、公共利益、本人或者他人的人身、财产和其他权利免受正在进行的不法侵害，而采取的制止不法侵害的行为，对不法侵害人造成损害的，属于正当防卫，不负刑事责任。正当防卫明显超过必要限度造成重大损害的，应当负刑事责任，但是应当减轻或者免除处罚。对正在进行的行凶、杀人、抢劫、强奸、绑架以及其他严重危及人身安全的暴力犯罪，采取防卫行为，造成不法侵害人伤亡的，不属于防卫过当，不负刑事责任。

打架斗殴中，任何一方对他人实施的暴力侵害行为，两人及多人打架斗殴，一方先动手，后动手的一方实施的所谓反击他人侵害行为的行为，不属于正当防卫。最佳的解决方法是学生应及时报告老师，在校外时可以报警。

【模拟训练】

同学们在日常生活中应如何应对校园暴力?

1. 遇到校园暴力，一定要沉着冷静。采取迂回战术，尽可能拖延时间。
2. 必要时，向路人呼救求助。
3. 人身安全永远是第一位的，不要去激怒对方。

4. 顺从对方的话去说,从其言语中找出可插入话题,缓解气氛,分散对方注意力,同时获取信任,为自己争取时间。

5. 上学和放学尽可能结伴而行。

6. 穿戴用品尽量低调,不要过于招摇。

7. 不主动与同学发生冲突,一旦有冲突及时找老师解决。

【交流讨论】

1. 试分析暴力犯罪的原因。

2. 讨论“近朱者赤,近墨者黑”。

3. 谈谈校园周边环境综合整治的必要性。

话题2 防财产侵犯

【引言】

青少年是祖国的未来,是民族的希望。学校则是青少年学习本领、提高素质的地方,是一片净土。但近年来,由于各种因素的影响,发生在校园里的犯罪呈不断上升的趋势,相对集中在针对人身和财产的犯罪,在盗窃、抢劫、敲诈勒索等犯罪中,结伙进行的共同犯罪案件为数甚多,影响了正常的教学秩序,危害到学生的生命、财产安全。

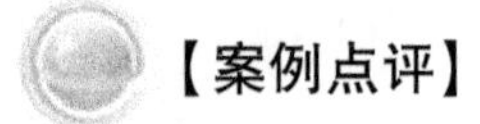

【案例点评】

案例1:一天,曾某、林某、陈某、李某到尤溪县城的夜市喝酒,其间曾某提议到某中学敲诈点钱。次日凌晨1时,曾某、林某等人分乘两辆摩托车到某中学,从围墙断裂处进入该校学生宿舍楼。他们从该宿舍楼地下室取木棍上楼,李某、陈某将上衣脱下蒙住脸部,林某手持一条皮带,他们相继进入6间学生宿舍,对宿舍内的学生采取拳打脚踢、棒打等方法进行抢劫,李某负责收钱,四人共抢得人民币250元、手提包1个、手表2块、衣服等。案发后，四人分别被判处6年、4年不等的有期徒刑，并处罚金。

点评：在此案中，行为人在客观上表现为对财物的保管者、所有者使用暴力、胁迫或其他方法，迫使其交出财物；在方法上，实施暴力，公然对被害人的身体实施打击或者强制，例如，捆绑、殴打、禁闭等，严重威胁他人的生命、健康安全；在主观上，是有意地采用暴力手段，夺取钱物，并以非法占有为目的。故四位学生的行为已触犯了刑律。根据我国《刑法》规定，犯抢劫罪的，要判处3年以上有期徒刑并处罚金。

案例2：晚上7时许，刑警二中队侦查员依照刑警大队的统一部署，在学生放学后，在校园周围进行巡查。在巡查期间，侦查员发现三名少年形迹可疑，每人都随身携带一个大书包。侦查员们立即上前盘问，并从其书包内发现多部学生使用的电子辞典以及饭卡、手机等物。经查，犯罪嫌疑人阎某、张某、田某三人都是某技校学生。6月份以来，三人多次潜入校园，趁中午学生放学，教室无人之际，从窗户跳进教室盗窃学生物品，共作案13起，涉案金额3000余元。

点评：这起教室盗窃事件，不仅使失窃的学生蒙受直接的经济损失，而且影响学生的情绪，扰乱了学生正常的学习和生活秩序。因此，我们提醒同学们要增强防范意识，切不可大意。

案例3：学生小李法律意识淡薄，虽然家庭条件较好，但是父母管教较严，平时父母给他的零花钱也不是很多，所以他看到他的同学用钱大方，心里不禁产生一种自己不如他人的想法。一次，他在一部警匪片中看到一个匪徒利用恐吓书信，向一个富豪人家敲诈巨款，在一次得手之后沾沾自喜的情形，他就蠢蠢欲动，萌生了利用这种方法弄点钱用用的想法，心想反正能敲诈成功最好，敲诈不来也无所谓。于是他说干就干，就马上到店里买来信纸和笔，躲过父母亲，在自己房间里写好一封恐吓信，主要内容是自己生意资金紧张，要求对方于某月某日拿6万元人民币到某某地点，不然对方全家难逃活命，并有意识骑自行车到城关镇某别墅区去寻找目标，转到一家比较豪华的别墅时，他趁无人看见之际，将写好的信件塞进别墅门里，然后若无其事地赶去学校上课。之后，指定时间到的那天，由于学校要考试，时间来不及，天气也不好，他就没有去指定地点取钱。这样他认为，一次机会失去了，于是又开始第二次冒险，采用同样的方法将一封写好的敲诈信件塞进另一户豪华别墅，但由于各方面的原因，最终还是没有成功。一个在校生，为什么要向他人敲诈数额这么大的钱财？他的回答是：只是为了不让对方怀疑他还是一个年纪这么小的学生，想让人家误以为是做生意的成年人，这只是制造一种假象，转移视线而已。

点评：敲诈勒索罪是数额型犯罪，虽然在本案中小李没有得到分文，但是他的行为已触犯了刑法，采用威胁的方法，向他人勒索钱财，构成敲诈勒索罪，且数额特别巨大，要按他提出的数额来定罪处罚，他必须走上被告席去接受法庭的审判。虽然他中间自动放弃犯罪，应当减轻、免除处罚，但毕竟这也是他人生道路上的一个污点。青少年学生正处于成长发育阶段，生理、心理都不十分成熟，加上社会阅历浅，所以是非观念较差，容易通过模仿去从事违法犯罪活动，也容易被人利用。因此，在校生应当增强法制意识，绝对不能像案例中的少年那样铤而走险，以身试法。

【安全常识】

一、三个案例中，抢劫、偷盗和敲诈勒索都是财产犯罪，那么，在校学生为什么会走上这条路呢？

1. 在校学生正处于人生转型期，思想尚不成熟，社会阅历较浅，辨别是非能力较弱，容易走上犯罪道路。学生的模仿能力较强，看到社会上的犯罪现象亦有样学样，当自己有需要的时候，就会抱着侥幸、好奇的心理去偷摸拐骗。

2. 在校学生缺乏法制知识。其实在很多学生抢劫案件中，学生本身并没有意识到自己的行为已经触犯了刑法，他们只是觉得是“借点钱或拿点钱”来花，没有什么不对。在他们心里，法律离他们很远，有人甚至认为他们的一生都不会和法律有任何关系。由于种种原因，一些学生不学法，不懂法，对自己的行为缺乏基本的分辨能力，以致在不知不觉中走上犯罪道路。

3. 受拜金主义的影响。在市场经济制度下，拜金主义思想冲击着学生的思想。“一切向钱看”、“金钱是万能的”、“有钱能使鬼推磨”等拜金主义思想成了有些学生生活的信条和行为准则。有些学生把追求金钱当作人生的最大目标，在这种价值观下，当金钱欲望极度膨胀时，由于没有经济收入，家里给的生活费往往不能满足其需要，所以为满足物质欲望，有的学生敢于触犯法律，不惜损害他人利益，以诈骗、盗窃、抢劫等犯罪手段获取钱财。更有的在初次作案得手之后，侥幸心理便得到强化，产生了更加贪得无厌的欲求，从而导致了犯罪的连续性。

4. 交友不慎，讲究兄弟义气，不懂拒绝。有些学生起初可能并没有犯罪意识，但在好友的唆使下，有些因为不懂拒绝而答应，而有些则因讲义气不好意思拒绝也参与了犯罪。帮助他人、助人为乐是做人的美德，但是为了哥们义气去触犯法律，最终只能是一失足成千古恨。友谊是人生的美酒，使我们的生活更美好。但是，“近朱者赤，近墨者黑”，和好的朋友在一起，互相学习，互相促进，有利于共同进步。若是和不良的朋友在一起，反而容易受到不良的影响。面对他人包括朋友的要求，必须保持头脑清醒，以法律和道德为标尺进行衡量，三思而后行，不可随意迁就，否则就可能会铸成大错。

5. 一些学生缺乏正确的世界观、人生观、价值观和道德观，没有远大抱负，追求吃喝玩乐，养成不良习惯，如赌博、抽烟、喝酒等，导致因缺钱而犯罪。

6. 一些学生心理不平衡导致财产性犯罪。虽然我国的经济建设取得了巨大的成就，人民的生活水平也相对提高，但在社会主义市场经济制度下也不可避免地形成了社会分配不公的现象，继而导致贫富差距拉大。一些家庭贫困的学生看到富人家的孩子大手大脚，出手阔绰，要什么有什么，难免心理失衡，产生仇富心理。有些富人家的孩子歧视、不公平对待穷人家的孩子，以致这些学生的自尊心严重受损。为了不让同龄人瞧不起，为了要面子，有些学生便走上了盗窃、抢劫等犯罪道路。

二、学生既不能去偷拿抢要，也不能给犯罪分子有机可乘。为了防患于未然，建议学生要做到以下几点：

1. 增强防范意识。不管是遭遇过失窃的，还是没有遭遇过失窃的，都应该从中吸取教训，增强自身的防范意识。

2. 不要将现金、手机、饭卡、贵重学习用品和书籍留在教室，要随身携带，不给盗窃分子创造任何机会。

3. 放学后最后离开教室的同学要锁好门，也可以指定专人负责开门、锁门这项工作。

4. “亡羊补牢，犹未晚矣。”只要同学们切实地增强自己的防盗自保意识，盗窃分子的行为就不会得逞。

【知识链接】

一、盗窃罪。

是指在未得到他人许可的情况下，以自以为不会被他人及时发觉的方式取得财物或其他物质的行为。这是一种最古老的侵犯财产犯罪，几乎与私有制的历史一样久远。

本罪侵犯的客体是公私财物的所有权。侵犯的对象是国家、集体或个人的财物，一般是针对动产而言的，但不动产上之附着物，可与不动产分离的，如田地上的农作物、山上的树木、建筑物之门窗等，也可以成为本罪的对象。另外，能源如电力、煤气也可成为本罪的对象。

盗窃罪侵犯的客体是公私财物的所有权。所有权包括占有、使用、收益、处分等。这里的所有权一般指合法的所有权,但有时也有例外情况。《最高人民法院关于审理盗窃案件具体应用法律若干问题的解释》规定:盗窃违禁品,按盗窃罪处理的,不计数额,根据情节轻重量刑。盗窃违禁品或犯罪分子非法占有的财物也构成盗窃罪。

二、抢劫罪。

《刑法》第263条规定:抢劫罪,是以非法占有为目的,对财物的所有人或者保管人当场使用暴力、胁迫或其他方法,强行将公私财物抢走的行为。所谓暴力,是指行为人对被害人的身体实行打击或者强制。较为常见的有殴打、捆绑、禁闭,甚至杀害。这里的胁迫,是指行为人对被害人以立即实施暴力相威胁,实行精神强制,使被害人恐惧而不敢反抗,被迫当场交出财物或任财物被劫走。这里的其他方法,是指行为人实施暴力、胁迫方法以外的其他使被害人不知反抗或不能反抗的方法。凡年满14周岁并具有刑事责任能力的自然人,均可以构成抢劫罪的主体。

本罪侵犯的客体是公私财物的所有权和公民的人身权利。抢劫犯最根本的目的是要抢劫财物,侵犯人身权利只是其使用的一种手段。无论犯罪嫌疑人是否取得财物,也不论被抢财物价值的大小,只要是以非法占有为目的并当场采取暴力或暴力相威胁手段,就构成抢劫罪。“数额特别巨大”和“致人特别严重伤残或死亡”是本罪从重处罚的两个情节。

【模拟训练】

假如遇到抢劫,你该怎么办?

英国作家笛福说:“人的最高智慧就是适应环境和反抗外来威胁的本领。”我们每个人都有这种潜在的能力,而这种能力要靠我们在日常生活中学习和加强,一点一点积累起来。

第一,遇事要多动脑筋。要避免被人引到僻静处后被威胁抢钱。

第二,要懂得报警。青少年正在成长阶段,力量小,反抗能力弱,遇到抢劫的时候要懂得报警,使自己获得救援。比如,可以在事情发生的时候寻机报警,也可以在事后及时报警。在校外,可以打110报警;在校内,可以向保卫和老师求助。这样才可以有效地保护自己免受侵害,而使违法犯罪的人受到应有的惩罚。现在,许多学生被抢以后,大多数是回家去告诉父母,而很少会及时到司法机关报案,甚至许多家长都没有这种意识。有的家长甚至还特意在孩子身上多放点钱,以免被抢时孩子因拿不出钱而遭到殴打。这确实让人感到非常惊讶。要知道，罪恶不会在沉默中消失，只会越来越嚣张，所以碰到不法侵害时，要及时求助于司法机关。

第三，要学会脱离险境。曾经有个学生，放学时碰到两个陌生人，被夹着往偏僻的小巷走，这个学生很机智，看见远远走来的中年人，就高声叫："二叔，我在这。"中年人都还没反应过来，那两个坏小子已经跑得没影了。事后，这个学生还报了案，那两人也进了看守所。

第四，也是最重要的一点，就是注意保护自己。在遇到抢劫等不法侵害的时候，激烈反抗和搏斗并非良策，我们决不赞成在力量悬殊的情况下与罪犯搏斗。见义勇为是一种高尚的品质，但对未成年人来说，一定要注意方式方法，决不能逞强好胜。

【交流讨论】

1. 如何认识"小错不断，大错必犯"的哲理性？
2. 如何看待见义勇为？

话题 3　距离产生美

【引言】

中学生恋爱问题已日益受到家庭、学校、社会的关注。近年来，中学生恋爱现象较为普遍，如何正确认识和对待这一日益突出的问题，是一件令教师、家长深感困惑和棘手的事情。加强学生青春期性教育，可以有效避免性暴力和性犯罪。

【案例点评】

案例 1：长春某中专学校女生小语，21 岁，经常上网聊天，并认识了网友小龙。两人聊得非常投机，并通过视频见过几次，从那以后关系迅速升温。8 月份的一天，两人发生了关系。之后小语躲避了小龙，不再联系，却意外怀孕，在学校厕所

产下一名男婴，孩子出生时被慌乱的小语扔出窗外，摔死在宿舍楼下，小语也因此涉嫌犯故意杀人罪走进铁窗。自始至终，小语都不知道网友小龙的真实身份。另据校园旁边修理厂的一个工人说，校园周边最近已发现三个婴儿了。

点评：小语和并不熟悉的网友小龙发生关系，意外怀孕生子，自己承受了很大的压力，因为害怕学校或者家长知道，所以把孩子扔到了楼下。如果孩子出生之后，她能够冷静地想一想，悲剧或许就不会上演。如果未婚女子发现自己怀孕，可以告诉家长，也可以到少女救助中心或其他正规的医疗机构寻求帮助，那里有专业的医生可以提供帮助。客观地讲，小语的遭遇令人同情，但是她确实触犯了法律，应该受到法律的制裁。

案例2：李某（男）和兰某（女）为广西某职业学校学生，相互认识，李某以自己发生车祸受伤为由将兰某骗到自己家里的二楼房间，提出要与兰某发生性关系，兰某不同意，李某遂以胁迫手段对兰某实施了强奸。随后，李某又通过上网QQ聊天和打电话、发短信息的方式纠集伍某、黎某、韦某轮流对兰某实施强奸。作为一名中等职业学校在校生，李某本应有大好的前程，但这名学生竟然强奸女同学，后又组织他人强行轮奸兰某，尽管李某系未成年人，但法律仍给予严厉处罚，判处其有期徒刑10年。

点评：据调查了解，李某失足，是因为其平时放松对自己的要求，法制观念淡薄，厌倦学习，沉迷于上网，接触阴暗面多，家庭管教不到位。而兰某缺乏自我保护意识，缺少辨别是非的能力，对李某所编造的故事没加任何思考，以致被李某蒙骗，为李某实施犯罪创造了条件。

案例3：在昌平一所中专学校念书的16岁女学生黄某，通过QQ与41岁的男子宋某相识。很快，两人便确定了男女朋友关系。交往期间，宋某时常给黄某一些钱。不久，为了拉拢生意伙伴路某，宋某要求黄某介绍自己的同学卖淫。迫于宋某手中掌握着两人的性爱视频，又可以借此机会赚钱，黄某便答应了男友的要求。

黄某将同学罗某介绍给路某后，罗某得到了2000元的报酬，作为“中间人”的黄某也拿到了相应的好处。罗某遂又开始和黄某一起劝说其他同学卖淫。为了拉拢同学，她们谎称：“在社会上得罪了人被追杀，只能介绍同学供他人嫖宿才能免于被害。”同学庄某、牛某相信了两人的说法。之后，闲谈中，庄某得知黄某所谓“得罪了人被追杀”原来只是谎言，当即将同学引诱其卖淫的情况告诉了父母。接到庄某父母报警的昌平警方，通过调查将宋某等人抓获。被抓时，黄某已怀有身孕。

点评：不法分子往往会利用年轻学生缺乏社交经验、防范意识较差等弱点，通过各种手段设计圈套进行诱骗，并与其发生两性关系。在此，提醒广大学生在人际交往时，切莫贪图钱财、作风轻浮。遇到性侵害时应尽量趁机逃跑，及时报警。

【安全常识】

一、从上述案例可以看出，学习期间，过早地恋爱，危害很大，主要表现为以下五点：

1. 影响生理发育。青少年正处于生理发育的旺盛期，并未完全成熟。因为人的情绪状态会影响内分泌，早恋的青少年常把握不住自己的情感，起伏波动大，易产生一些莫名的烦恼，导致精神不佳、心悸、头痛、失眠等，从而影响身体健康发育。

2. 影响心理发展。青少年的心理发展最旺盛又最脆弱，情绪容易激动，对自己喜爱的对象和活动极其狂热，而又缺乏冷静思考，容易受伤害。他们恋爱时或乐不可支，或痛不欲生。早恋还可能影响正常的人际交往。因为爱情是自私的，尤其是中学生对爱情的理解尚不全面，自制力差，一旦与某人建立了恋爱关系，可能就觉得对方只能与我一个人交往，当看到对方与别人交往时，往往有可能控制不住情绪，易做出伤害对方及他人之事，自己也受到极大伤害。

3. 影响学习生活。早恋往往会给学习造成干扰，因为恋爱会使学生精力分散，注意力不集中，兴趣转移，情绪不稳定。早恋的学生时常处于担心因违纪被学校处罚和感情的发展不能自控的矛盾冲突中，行为总是偷偷摸摸，躲躲闪闪，精神处于高度紧张状态，怎么还有心思学习？常常是人在教室心在外。尤其是女生，情感细腻敏感，往往使其不能全身心投入学习活动中。还有的学生在恋爱中有强烈的幸福感，常幻想、规划未来，并希望一次成功，因此非常投入，不惜以牺牲学业、违反校规为代价，结果顾此失彼，最后导致两头空。

4. 影响正常的恋爱生活。爱情被称为人身大事，可见它在人生中非常重要。可是青少年由于涉世不深，阅历不足，生活经验欠缺，对社会缺乏足够的了解，感情胜过理智。青春期少男少女谈恋爱，可以说都是在身心都不很成熟的情况下进行的，加上青少年没有经济基础，其经济来源多半是父母，因此，这种爱没有什么牢固的根基，是很容易中途夭折的。

5. 早恋有可能导致犯罪。耍流氓、斗殴、盗窃等社会现象的发生，有很大一部分与学生的早恋有关。有的学生年轻气盛，不肯轻易吃亏，特别是在女朋友面前，更不愿意丢脸，他们往往会因为有人对自己的女朋友说了一句不礼貌的话或做出了一个不雅的举动而丧失理智，大打出手，甚至聚众斗殴，以显示自己的本事，以致违法犯罪。另一方面，学生恋爱还需要物质上的保证，但父母所能提供的一点零花钱又往往满足不了需要，这时，有学生就容易误入歧途，有了偷、骗、抢的念头，最后锒铛入狱。

二、为了防止被侵害，应当注意把握与异性交往的尺度。

男女生交往大部分都是出于友谊，有的是为了丰富自己的生活，锻炼自己的社会能力、适应能力，有的是由于感到情感上孤独，想找个知己倾诉，有的女孩由于父亲的关心不够找个男友，潜意识里是寻找一种父爱。这种心理需求是可以理解的。但是，交往一定要适度。希望男女生都学会大大方方地和异性交往。男女生交往中言谈举止要大方，符合青少年的道德规范，交往尺度要把握在互相帮助、促进共同进步的基础之上，不要单独相约，以免一时冲动，发生不应该发生的事，造成不良后果。尤其是女生要学会自我保护。

男生在与女生交往时应做到四要：一要理解女生的生理和心理特点；二要主动关心和帮助女生；三要有责任感；四要遵守道德规范，有自制能力。

女生在与男生交往时应做到四要：一要举止端庄、大方，得体、持重；二要避免过分的接触与玩笑；三要理智地谢绝异性的过分要求；四要敢于反击异性的挑逗与侵害。

三、案例中三位女主角是最大的受害者，所以，女生出行更应注意安全问题。

1. 夜间行走要保持警惕。要走灯光明亮、往来行人较多的大道。对于路边黑暗处要有戒备，最好结伴而行，不要单独行走。如果走校外陌生道路，要选择有路灯且行人较多的路线。

2. 女生外出时，最好结伴而行，遇到陌生男人问路，不要带路；向陌生男人问路，不要让他带路。

3. 不要穿过分暴露的衣衫和裙子，短裙过膝，上衣要包肩、非低胸、不露腰，不要穿使行动不便的高跟鞋。

4. 不要搭乘陌生人的机动车、人力三轮车或自行车，防止落入坏人的圈套。

5. 遇到不怀好意的男人挑逗，要及时斥责，表现出自己应有的自信与刚强；如果碰上坏人，首先要高声呼救，假使四周无人，切莫慌张，要保持冷静，利用随身携带的物品，或就地取材进行自卫反抗，还可采取周旋、拖延时间的办法等待救援。

6. 一旦不幸遭受侵害，不要丧失信心，要振作精神，鼓起勇气同犯罪分子作斗争。要尽量记住犯罪分子的外貌特征，如面貌、体型、语言、服饰以及特殊标记等；要及时向公安机关报案，提供证据和线索，协助公安部门侦查破案。

【知识链接】

下面再让我们了解一些发生在校园中的性侵害形式。

一、暴力式侵害。

主要是指侵害主体采取暴力手段、语言恫吓或利用凶器进行威胁，对女同学实施性侵害的行为。暴力侵害的主体比较复杂，有的是社会上的犯罪分子，以混入校园进行强奸为目的，混入女生宿舍或校园内偏僻处伺机作案；也有的是以抢劫、盗窃为目的，见有机可乘或因受害人处置不当而发展为强奸犯罪；还有的是因恋爱破裂或单相思，走向极端，发展成为暴力强奸。这种方式对被侵害对象造成很大伤害，甚至致死。

二、流氓滋扰式侵害。

主要是指社会上的流氓结伙闯入校园，寻衅滋事，或是某些品行不端正人员在变态心理的驱使下，对女同学进行的各种性骚扰。这些人对女同学的侵害方式，多为用下流语言调戏，以推拉撞摸占便宜，往身上扔烟头，做下流动作等。如在夜间，在女同学孤立无援或处置不当等情况下，也可能发展为暴力强奸或轮奸。

三、胁迫式侵害。

主要是指某些心术不正者，或是利用受害人有求于己，或是抓住受害人的个人隐私、某些把柄，进行要挟、胁迫，使其就范。

四、社交性强奸。

这种犯罪行为的主体多是受害人的相识者。加害人往往因同事、同学、师生、老乡、邻居等关系与受害者有社会交往，利用机会或创造机会把正常的社交引向性犯罪。受害人身心受到伤害后，往往还出于各种顾虑不敢揭发。

**【模拟训练】**

一、收到了他人的“爱慕”信息后怎么办?

1. 要正确对待。必须明确，此情暂不宜接受。如前所述，该时期的青少年思想、世界观尚未定型，前途未决，可变性还很大，最终恋爱成功的可能性极小。从情感上说，大都是一时的冲动，难以持久；在意志上，自制力差，易感情用事，做出越轨的事情；从经济上看，远未具备恋爱的经济基础；从精力和时间上看，必然出现与学习争精力、争时间的矛盾，最终牺牲学习，从而影响前途，丧失机遇，得不偿失。可见，无论从哪个方面看，都不宜贸然接人家轻率抛来的绣球。自己应态度明确，观点鲜明，立场坚定。

2. 要妥善解决。一般宜注意保护对方的自尊心，珍惜友谊。不宜轻易嘲讽、训斥、谩骂对方，或随意报告老师，向同学公开，使人家难堪。这样是不理智，也是不文明、缺乏修养、不尊重人的表现。最好是若无其事地进行冷处理。对方写信、递纸条多半是在一时的感情冲动之下进行的一种试探，对此，自己不妨装作若无其事的样子，照常与之正常交往，既不过于疏远和回避，也切不可过于热情、亲近，可略冷淡，让对方了解自己的心意。这样既不伤害人家，也让对方知道，这只是一厢情愿。如果对方不知趣，或者不了解你的心意，仍一意孤行，苦苦地追求、纠缠，这种情况下可直接与之交谈，或回封信给对方，内容可包括：谢谢对方的好意，明确讲清自己的意见和态度，陈述理由，诚恳地晓以弊端，敬告对方，再如此只会误人害己。如果对方能好自为之，尊重你的感情，可保证替人家保密，并保持正常的友谊。总之，交谈或回信的态度要鲜明、坚决，场合要注意选择，方式要恰当，语气要温和。让对方觉得你并非看不起他，而是替双方的前途着想，避免了双方精力的消耗、时间的浪费，也不致伤害对方的自尊心，对方一般会乐意接受意见，正确对待，知趣而退。如果对方仍死皮赖脸，死缠不放，可通过双方信赖的第三者做工作，再次明确自己的态度，让其打消念头，以免造成不愿出现的结果。必要时也可请求老师、家长、朋友帮助，如果对方有非礼的要求，则应严肃地断然拒绝。

二、女生在遭遇性侵害时该如何处理?

1. 遇到性侵害时，首先要保持头脑清醒，保持镇静，临危不惧。大义凛然、临危不乱的态度可以对罪犯起到震慑作用，使犯罪分子在心理上感到胆怯。

2. 遇到性侵害时要有坚持反抗到底的信心，软磨硬泡，拖延时间，顽强抵抗。根据周围的环境选择摆脱、反抗、求救的办法。

3. 寻求适当机会和方式逃脱。例如，可先假装同意，使犯罪分子放松警惕，然后趁他脱衣之际，使尽全力将他推倒，及时逃跑，并在逃跑时继续呼救。或者出其不意，猛击其阴部，使其丧失侵害能力，趁机逃脱。如果穿的是高跟皮鞋，还可以以此作为武器，用鞋跟猛击其头部或阴部，再趁机逃跑。

4. 采取积极的防卫措施，利用身边的器物或日常生活用具防卫。当发生性侵害时，要想一想自己身上有无可以用作防卫的工具，如水果刀、指甲钳、发夹等，观察周围有没有可以利用的器物，如棍棒、酒瓶、砖、刀等，当受到侵害时，用其击打犯罪分子要害部位，如头、眼睛、关节等部位，使其丧失侵害的能力，趁机逃跑。

5. 遭遇陌生人侵害时，要努力记住犯罪分子的体貌特征，保护好现场及物证，及时报案。

【交流讨论】

1. 你相信网恋吗?
2. 如何保护女生集体宿舍的安全?

居家幸福篇

Part 2

家庭是每位同学幸福生活的港湾，家庭安全是每位同学平安、健康成长的重要保证。如果能掌握一些有关家庭安全用电、用气、防火、防动物抓咬等的常识，就可以避免一些伤害或事故的发生，促进家庭幸福。

第一章　安全使用水电气

话题1　防家电隐患

【引言】

家用电器是现代科技发展的结晶,日益成为家庭生活中不可或缺的好助手,给我们生活带来方便的同时也提高了生活质量。但家电使用不当、维护不及时、使用劣质产品等也给我们的生活带来了烦恼。据有关部门统计,我国每年因家电触电而死亡的人数超过3000人,使用劣质热得快、电热毯造成的火灾达700起,其中就有部分发生在学生身上或身边。因此,青少年学生应该走近现代科技,掌握更多的家电使用知识,避免发生意外事故。

【案例点评】

案例1: 2011年12月18日上午12时左右,某技校学生公寓503寝室发生火灾,119接警后迅速出警,及时扑灭大火。经现场勘察,发现烧坏床铺3套、写字桌2张、衣柜3个、电扇1台、部分衣物和书籍等,室内墙壁被熏黑,所幸没有人员伤亡。火灾原因是多部手机在同一接线板上充电,引起接线板超负荷运作,以致发热而导致火灾。

点评: 此次事故发生是因为违反家用电器使用规定超负荷使用充电器,人长时间离开寝室而不断电。家用电器都有额定功率等安全指标,正常使用时必须严格按照规定执行,有些同学为图方便,不管家用电器承载能力,将多个电器接到同一线路上,造成线路发热、短路而导致火灾。

案例2: 据《扬州时报》报道,2011年3月的某天,来扬州务工的贵州人张先生正在出租屋里看电视,突然一声巨响,电视机爆炸,张先生因躲闪不及,脸部被烧伤,一些家用物品也被损坏。张先生说,这台二手电视机是他年初花了200元买来的。后来张先生到工商部门投诉,但因其手续不全,工商部门也无法帮其维权。

点评: 此次事故是电视机超过安全使用寿命造成的。老化的电视机由于受到震动、冲击、碰撞以及机内的积尘污垢过多或电线短路而局部过热，引起显像管爆炸。因此，购买家电要到正规商店，同时注意生产日期，索取正式发票，增强自我保护意识。

案例 3：据《凉山日报》报道，2011 年 1 月某日，会东县城某居民小区居民贾某夫妇睡觉时使用电热毯来暖被窝。深夜，贾某觉得电热毯很热，起初他以为自己设置的温度过高，于是调节了一下温度，便继续睡觉。次日凌晨，睡梦中的贾某夫妇被钻心的刺痛惊醒，睁眼时发现自己睡觉的床铺着了火，夫妻俩迅速将火扑灭，因发现及时，未造成较大损失。

点评：冬季使用电热毯取暖是个行之有效的好方法，造成该意外事故的原因可能是：一是电热毯使用不当，电热毯应该在睡前一小时或一个半小时打开，人上床后应该立刻关闭电源，可该夫妇长时间未关电热毯，引起局部过热而导致火灾。二是使用劣质电热毯，本身就存在安全隐患，容易引发火灾。三是使用超期“老龄”电热毯，电路老化、受潮等原因引发火灾。四是电热毯使用不当，经常折叠或挤压容易影响电热线的抗拉强度和曲折性能，降低其安全性。

【安全常识】

一、家用电器已经融入了我们的现代生活，如何正确使用家用电器是每个学生必须了解的常识，下面就让我们一同来了解家电的正确使用方法。

1. 试用家用电器前应对照说明书，将所有开关、按钮都置于原始停机位置，然后按照说明书要求进行操作，直至熟练为止。如果有运动部件，如摇头风扇，应事先考虑足够的运动空间。

2. 家用电器通电后发现冒火花、冒烟或有烧焦味等异常情况，应立即切断电源进行检查，找专业人员进行修理。切不可随意用水或泡沫灭火器灭火。

3. 移动家用电器时一定要切断电源，以防触电。

4. 使用发热电器时必须远离易燃物。例如，电炉、取暖器、电熨斗等发热电器不得直接搁在易燃物上，以免引起火灾。

5. 禁止用湿手接触带电的物体。例如，禁止用湿手拔、插电源插头，用湿手更换电器元件或灯泡等。

6. 对于接触人体的家用电器，如电热毯、电热帽、电热鞋等，使用前应通电检查，确保安全后方能使用。

7. 禁止用拖电线的方法移动家用电器，禁止用拖电线的方法拔插头。

8. 使用家用电器时，先插上不带电一侧的插座，最后才合上闸刀或插上带电一侧插座;停用家用电器则相反,先拉开带电一侧闸刀或拔出带电一侧插座,然后才拔出不带电一侧的插座。

9. 家用电器在不使用时要及时关掉电源,要防止雷击等造成事故。

10. 家用电器、室内配线要定期进行绝缘检查,发现漏电、破损要及时维护。

11. 使用家用电器时应保持其干燥、清洁,不能用汽油、酒精、肥皂水、去污粉等腐蚀性或导电的液体擦抹家用电器表面。

12. 电风扇的扇叶、洗衣机的脱水筒等在工作时是高速旋转的,不能用手或者其他物品去触摸,以防止受伤。

13. 雷雨天气要停止使用电视机,并拔下室外天线插头,防止遭受雷击。

14. 避免在潮湿的环境(如浴室)下使用电器,更不能使电器受潮,这样不仅会损坏电器,还会引发触电危险。

二、正常使用家用电器是安全的,如果有人因故发生触电,下面的急救方法可以减少一些损失。

1. 发现有人触电后,首先要立即让触电者迅速脱离电源,如:拉下电闸切断电源、使用绝缘工具或干燥木棒等不导电的物体将导电线与触电者分离。在未切断电源或触电者未脱离电源时,切不可用手触摸触电者。如触电者处于高处,切断电源后会自动从高处坠落,因此要采取预防措施,防止其摔伤。

2. 初步急救。解开触电者上身衣服,使其保持呼吸畅通;检查触电者口腔,清理口腔黏液,如有假牙则取下;如呼吸停止,立即采用口对口人工呼吸法抢救;若心脏停止跳动或不规则颤动,可用人工胸外挤压法抢救。如呼吸不恢复,人工呼吸至少应坚持4小时或待出现尸僵和尸斑时方可放弃抢救,绝不能无故中断。

3. 尽快拨打120,请求医院救助。

三、在使用家用电器时,如果不小心发生电器火灾,下面的处理方式是行之有效的。

1. 立即切断电源,防止灭火人员触电。

2. 尽快转移易燃易爆物品。

3. 及时拨打119,请求公安消防人员支援。

4. 当人身安全受到威胁时,要保持镇静,迅速判断危险地点和安全地点,选择逃生的办法,尽快撤离危险地带。火势不大时要当机立断,披上浸湿的衣服或裹上湿毛毯、湿被褥勇敢地冲出去。在逃生无门的情况下,被困者要尽量待在阳台、窗口等易于被人发现和能避免烟火近身的地方,及时发出求救信号。

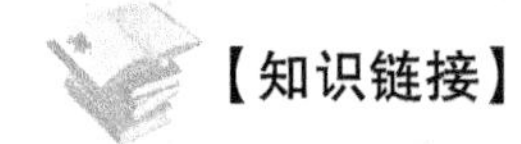
【知识链接】

一、年轻人都喜欢电视娱乐节目,观看电视节目时,千万不要忘了电视机的正确使用方法。

1. 电视机应放在干燥、通风的地方,不要靠近火炉、暖气管等物体,其后盖距离墙面应在10厘米以上。连续收看电视时间不宜过长,一般连续收看四五个小时后应关机一段时间,待机内热量散发后继续收看,高温季节尤其不宜长时间收看。

2. 看完电视后应立即关闭电源,同时把电视插头从插座上拔下来。

3. 电视机使用电压一般为220伏,电压波动为±5%,如不能达到要求,应采用稳压电源等辅助设备。

4. 如使用室外天线,要安装避雷器,雷雨天尽量不要使用室外天线。

二、夏天从冰箱里拿出饮料喝一口是很惬意的,但是,如果使用不当,电冰箱也会"生气"的哦。

1. 电冰箱内不要存放化学危险品。如果必须存放,则必须保证容器绝对密封,严防泄漏。

2. 保证电冰箱后部干燥通风。冷凝器应与墙壁等保持一定距离,切勿在电冰箱后面塞放可燃物,电冰箱的电源线不要与压缩机、冷凝器接触。

3. 若电冰箱控制装置失灵,应立即停机并请专业人员检查修理,要防止温控开关进水受潮。

4. 电冰箱断电后至少要过5分钟后才可以重新启动。

5. 啤酒、鸡蛋、罐装饮料等食品宜放在冷藏室而不宜长时间放在冷冻室,以免发生爆炸。

三、"暑时能得芳草香,寒时亦可沐春风。一年四季多变化,仍可常春驻家中。"这是形容空调的诗句,那么,你知道该如何正确使用空调吗?

1. 不要在短时间内连续切断和接通空调电源。在停电或拔掉电源插头后,一定要将选择开关置于"停"的位置,待接通电源后,重新按启动步骤操作。

2. 用电热型空调制热,关机时先关闭电源部分的电源,冷却2分钟后再关闭总电源。

3. 空调应保持清洁,空气过滤器要定期清洗,风扇电机要定期加注润滑油。在空调运行时,若发现空调有异味、冒烟等情况,应立即停机检查或请专业人员维修。

4. 空调的支架、搁板、遮阳罩等应采用非可燃材料制作。安装空调时,应内高外低，以避免空调部件受潮损坏。

5. 安装空调时应尽量避开窗帘等物体。根据相关报道，窗帘是窗式空调引发火灾蔓延的主要媒介。

【模拟训练】

正确使用电器给我们的生活带来便利的同时，也给我们带来了安全隐患。那么，你知道怎么进行宿舍安全检查吗？

1. 检查是否有乱拉乱接电线现象，有无电器老化、电线裸露现象。

2. 检查是否有违章使用电炉、电热毯、电热杯、电饭锅、电烙铁、电热水器等大功率电器现象。

3. 检查是否在宿舍使用煤气灶、酒精炉、煤炉等用具。

4. 检查宿舍有没有烟头，向宿管人员了解有没有学生在宿舍抽烟的现象。

【交流讨论】

1. 如何对你家里的电器进行安全排查？

2. 如何在学校组织一次安全宣传月活动？

话题 2 防热水烫伤

【引言】

日常生活中，被热水烫伤的事例屡见不鲜。夏天是烫伤多发季节。如热水瓶爆破或被打翻、使用高压锅或热水袋、冲开水时彼此相撞、洗澡时误入高温浴池等，都会导致被热水烫伤。有数据显示：在城市超过 90% 的烫伤是热水、热汤所致，在西部农村，由于“锅连炕”的居住习惯，每年都会有上千名儿童被烫伤。被热水烫伤，轻则损伤皮肤，影响美观，重则危及生命，所以学生有必要了解热水烫伤的预防和急救方法，为健康生活做好安全知识储备。

【案例点评】

案例1：某职校学生小明16岁，有次动手术，半麻，因为腿冷，家人在其腿边放了热水袋，结果他的小腿上被烫出两个大水泡。虽经医生全力治疗，但小明腿上还是留下了两道很明显的疤痕。

点评：根据患者提供的病史分析，这属于长时间低热烫伤。由于半麻，腿冷，没什么知觉，等到发现，为时已晚。这种烫伤创面一般不大，但往往很深，难以自愈，伤好后会留下疤痕，影响美观。

案例2：据报道，上海恭城路一家饭店的厨房蒸锅内沸水突然溅出，一名厨师被烫伤。伤者姓于，19岁，为某技校实习生。当晚，厨房的炉灶在蒸菌菇，在小于拿蒸笼时，沸腾的开水溅出蒸锅，小于的左手、右脚和两条大腿都被严重烫伤。

点评：本案中小于之所以被烫伤，是因为他在使用蒸锅时没有严格按照操作流程规定采取降温、降压等措施，导致开锅后沸水突然溅出而被烫伤。

【安全常识】

一、日常生活中，为避免被热水烫伤，关键是我们平时要加强预防。下面的情况下容易被热水烫伤，请大家要注意。

1. 热水瓶的瓶底滑脱、水瓶爆破或被打翻，或冲开水时不慎，都容易被烫伤。

2. 不小心拉扯桌布，引起盛放高温液体的容器(如盛有热汤的锅子、杯子等)翻倒。

3. 洗澡时误入高温池，放热水时没调节好温度等。

4. 使用高压锅而没有按照高压锅使用方法使用。

5. 热水瓶、饮水机的放置位置过低。

6. 使用热水袋、暖手宝时没有检查其质量等安全性能。

二、生活中如果我们被烫伤了，遵循以下步骤做急救处理，可以减少痛苦。

1. 迅速避开热源。

2. 采取“冷散热”措施，在水龙头下用冷水持续冲洗伤部，或将伤处置于盛冷水的容器中浸泡。这样可以使伤处迅速、彻底地散热，使皮肤血管收缩，减少血液渗出与水肿，缓解疼痛，减少水泡形成，防止创面形成疤痕。这是烫伤后最佳也是最可行的治疗方案。

3. 将伤处的衣服剪开，以避免被烫伤的皮肤病情变重。

4. 不要揉搓、按摩、挤压烫伤的皮肤，也不要急着用毛巾擦拭。

5. 创面不要涂抹红药水、紫药水等有色药液，以免影响医生对烫伤程度的判断，也不要用碱面、酱油、牙膏等乱敷，以免造成感染。

6. 创面应以消毒敷料或干净衣被遮盖保护。

7. 及时送医院就诊。

8. 烫伤治疗期间注意事项：

(1) 饮食须注意。酒、辣椒、羊肉、生蒜、生姜、芥末、咖啡等刺激性食物会促进疤痕组织增生，所以康复期间应避免食用这些食物。

(2) 不要强行揭去痂皮。创面结痂后，要待痂皮自行脱落，此时尚未完全长好的表皮细胞，若没有了痂皮的保护会形成色素沉着，或发生炎症反应。

(3) 不要给伤口发炎的机会。不可用挠抓、热水烫洗、衣服摩擦等方法止痒。因为这样会刺激局部毛细血管扩张、肉芽组织增生而形成疤痕。

(4) 勿忽略用药的重要性，谨遵医嘱，坚持用药，不怕麻烦。

(5) 出现新情况时应及时就医，不能拖延。

【知识链接】

一、热水烫伤严重程度不同，会产生不同的后果，下面我们来了解热水烫伤的分类。

1. 一度伤。只损伤皮肤表层，局部轻度红肿，无水泡，疼痛明显。

应立即将伤处浸在凉水中进行冷却治疗，如有冰块，把冰块外敷于伤处效果更佳。冷却30分钟左右就能完全止痛，随后用鸡蛋清、清凉油或烫伤膏涂于烫伤部位，这样只需3～5天便可自愈。

2. 二度伤。真皮损伤，局部红肿疼痛，有大小不等的水泡。

大水泡可用消毒针刺破水泡边缘放水，涂上烫伤膏后包扎，松紧要适度。

3. 三度伤。脂肪、肌肉、骨骼都有损伤，并呈灰色或红褐色。

此时应用干净布包住创面，及时送往医院，切不可在创面上涂紫药水或膏类药物，以免影响病情观察与处理。

如果被开水烫成严重伤，伤者在转送途中可能会出现休克或呼吸、心跳停止现象，应立即进行人工呼吸或胸外心脏按压。伤者口渴时，可给少量的热茶水或淡盐水服用，绝不可以在短时间内饮服大量的开水而导致伤员脑水肿。

二、烫伤后一定会有疤痕吗？

一度和浅二度烫伤一般不会留下疤痕，但是深二度烫伤和三度烫伤属于深度烫伤,愈合后会留下不同程度的疤痕,各种治疗方法都只能帮助恢复功能或者改善疤痕。

同样的深度烫伤,后期治疗的好坏,会直接影响到愈合后的外形,如果处理得当,遗留下的疤痕会不太明显,反之就可能产生高高隆起的明显疤痕。疤痕通常要经过半年到一年的时间才能稳定,在此期间还可以接受一些抗疤痕的治疗,会有助于疤痕的软化和缩小。

【模拟训练】

一、生活中有人被热水烫伤后往往会自己处理,但不正确的处理方法会加重病情,请你谈谈生活中人们常常会采取哪些错误的处理方法。

1. 迷信土方法。给创面涂抹牙膏、酱油、紫药水等,这些东西一方面会影响医生对烫伤程度的观察和判断,另一方面会增加创面感染的几率。正确的做法是将创面经凉水冲洗后,用干净、清洁的被单或敷料包裹、保护创面,然后将伤者送到医院接受正规治疗。

2. 将水泡撕破。烫伤后,在烫伤部位会起许多水泡,有的人用剪刀把皮给挑破剪掉,这其实等于把封闭的创面变成了开放的创面,使皮肤失去了天然保护屏障,会增加皮肤感染几率。

3. 给病人大量喝水。烫伤病人早期容易口渴,这时千万不要在短时间内给病人喝大量的白开水、矿泉水、饮料或糖水,以免引发脑水肿和肺水肿等并发症。但可让病人少量多次地喝些淡盐水,以补充烧烫伤后减少的血容量,防止或减轻休克症状。

二、生活中,轻度烫伤后很多人往往采取一些可行易得的小偏方,其实效果也不错。

1. 敷鸡蛋清:弄一个鸡蛋,去其蛋黄,将蛋清敷在烫伤处。

2. 敷芦荟茸:取一块芦荟,去皮,将里面的肉茸敷在烫伤处。

3. 如果伤口起泡但没有破损,可以抓一些活的地龙(即红蚯蚓),将其清洗干净,将白糖连同地龙化成糖水,用棉签蘸取涂于伤口,可止痛并有一定疗效。

4. 切几片生梨,贴于烫伤处,有收敛、止痛作用。

5. 可将干废茶叶渣在火上烘至微焦后研细,与菜油混合调成糊状,涂在伤处,能消肿止痛。

【交流讨论】

1. 请大家谈谈我们在日常生活中如何才能避免被热水烫伤。

2. 为什么夏季儿童最容易被烫伤?

话题 3 防燃气泄漏

【引言】

走进千家万户的燃气在给人们生活带来诸多方便的同时,也扮演着“杀手”的角色。夏季或冬季,因使用空调,家中门窗关闭,给了燃气“杀手”乘虚而入的机会。在我们身边,燃气泄漏造成人员死亡或中毒的惨剧,每年都在上演,有关部门的统计数据显示,每年家庭燃气事故占全年燃气事故的80%以上。近年来,虽然在各方面努力下,燃气事故呈逐年下降的趋势,但是燃气具老化、用户使用不当以及燃气管道被人为损坏造成的燃气安全事故还时有发生,燃气安全形势依然相当严峻。

对于我们广大学生而言,不管在家中还是将来走上工作岗位,接触燃气的机会很多。了解燃气相关知识,对于预防燃气事故具有重要作用。

【案例点评】

案例1:2009年1月25日晚上11时许,大学生小唐在洗澡时被家人发现跌倒在卫生间,并及时送平阳县中医院抢救,虽经医院全力抢救但还是不幸身亡。后经相关部门调查及尸检,确认小唐死亡是因为燃气热水器老化而致燃气泄漏,导致小唐一氧化碳中毒。

点评:本案中小唐的死因是燃气热水器老化而致燃气泄漏,导致小唐一氧化碳中毒。根据我国《家用燃气燃料器具安全管理规定》,家用管道煤气热水器使用寿命为6年,液化气和天然气热水器为8年。消费者应根据燃气热水器使用年限及时淘汰或更新家中燃气热水器,以防热水器老化,发生危险。

案例2:2009年3月18日,平江市某小区一住户家中发生一起厨房灶具起火事故,烧毁了燃气设施和厨房物品,给住户造成严重的经济损失。据了解,该住户在使用天然气灶具做饭时,因有事中途外出,忘了关燃气灶,而铁锅长时间受热,温度过高,引燃了附近的可燃物。邻居发现有黑烟冒出后,拨打了119火警电话,消防队员及时赶到，扑灭了大火，由于发现及时，没有殃及四邻。

点评：此案例中住户家中之所以发生火灾，是由于使用燃气灶具时可能存在着如下情况：没人看守，燃气设施的周边堆放易燃物，燃气灶具不先进，燃气灶具不具有漏气监控装置等。

案例 3：据国际燃气网报道，2011 年 9 月 24 日下午 6 时 11 分，西藏林芝地区波密县扎木镇扎木村发生一起民房火灾。接警后，林芝地区公安消防支队立即调集波密县消防大队 3 台消防水罐车、20 名官兵赶赴现场救援。晚上 8 时 5 分，大火被彻底扑灭。经了解，此起火灾系租户在做饭时，液化气使用不当，引燃周围可燃物所致，着火面积约 500 平方米，造成很大经济损失。

点评：又是一起燃气使用不当引起的火灾，由此可见，正确而安全地使用燃气是多么重要。

**【安全常识】**

一、燃气已进入我们寻常百姓人家，正确而安全地使用燃气，可以给我们的生活带来极大方便，你知道如何正确而安全地使用燃气吗？

1. 如何正确使用燃气？

一是定期检查燃气是否泄漏，燃气器具是否完好。二是燃气罐应竖立使用，切勿倒置，同时应远离火源。三是气瓶内的残液千万不可自行处理或倾倒在下水道内。四是使用燃气时人不能远离，应随时调节火焰，以免锅内溢出的汤水浇灭火焰，从而造成燃气大量漏出。五是燃气不使用时，应将开关全部关闭，以防跑气。六是按规定报废燃气器具，人工煤气热水器的报废年限为 6 年，液化石油气、天然气热水器、燃气灶具的报废年限为 8 年，橡皮胶管使用年限为 18 个月。

2. 如何检查燃气泄漏？

一是肥皂液查漏。任选肥皂、洗衣粉、洗涤液三者之一，加水制成肥皂液，涂抹在燃具、胶管、旋塞阀、燃气表、球阀、调压阀处，尤其是接口处，有气泡鼓起的部位就是漏点。二是眼看、耳听、手摸、鼻闻，配合查漏。严禁用明火查漏。

3. 发生燃气泄漏怎么办？

发现燃气漏气一定要冷静，应该采取以下正确办法：一是切断气源。立即关闭燃具开关、旋塞阀、球阀、气瓶气栓。二是勿动电器。严禁打开或关闭任何电器，如电灯、电扇、排气扇、抽油烟机、空调、电闸、有线与无线电话、门铃、冰箱等，这些都可能产生微小火花，引起爆炸。三是疏散人员。迅速疏散家人、邻居，阻止无关人员靠近。四是打开门窗，让空气流通，以便燃气散发。五是电话报警。在没有燃气泄漏的地方，打110报警或报告燃气公司。

4. 使用燃气热水器时，如何做到随心所“浴”？

一是要注意通风。现在很多居民家庭使用的是直排式燃气热水器，这种热水器燃烧后产生的废气都排放在室内，所以使用时一定要打开窗子或排风扇通风换气，让废气排出。二是若发现热水器出现火焰发黄、冒烟、漏水、漏气、有噪声、振动等现象，不要再继续使用，要马上报修，让专业人员检查维修。三是如家人洗澡时间超过20分钟，应主动拍门问候，以防万一。四是洗浴完，一定要将燃气热水器的进气阀门关闭。

二、如果有人不小心发生燃气中毒，我们按照以下办法快速处理，可以最大限度地降低损失。

1. 立即打开门窗，把中毒者移到通风良好、空气新鲜的地方，并注意保暖。

2. 松解衣扣，保持中毒者呼吸道通畅，清除口鼻分泌物。

3. 如果是出现头晕、恶心等症状的轻微中毒者，可让其先饮用糖水、牛奶解毒；如果是出现昏迷、脸色变粉红等症状的中毒较深者，应立即进行口对口人工呼吸，如发现呼吸骤停，应进行心脏体外按摩。

4. 及时拨打120电话或迅速送往医院。在抢救过程中，要让中毒者充分吸氧，并注意保持中毒者呼吸畅通。

【知识链接】

一、我们来认识一下燃气泄漏的安全卫士、现代科技的结晶——燃气报警器。

燃气安全防范有三种基本防范手段：人防、物防和技防。其中人力防范和实体防范是古已有之的传统防范手段，它们是安全防范的基础。随着科学技术的不断进步，这些传统的防范手段也不断融入新科技的内容。

燃气报警器就是技防，当燃气发生泄漏时，燃气报警器就会发出响声并立即切断电源。燃气报警器被大家公认为燃气领域的安全卫士，在发达国家被大力推广甚至强制安装。日本早在1980年开始实行安装城市煤气、液化石油气报警器法规；美国目前已有6个州立法，规定家庭、公寓等都要安装一氧化碳报警器；2005年，荷兰和比利时也相继立法，规定每幢居民住宅必须安装交直流双配套电源供电烟雾报警器。目前我国黑龙江省、山西省、哈尔滨市、青岛市等地方也采用了技防手段，已经将安装燃气报警器以地方立法的形式予以规定，以保证燃气使用安全。

二、依吸入空气中所含一氧化碳的浓度、中毒时间的长短，一氧化碳中毒常分三种类型。

1. 轻型。中毒时间短，血液中碳氧血红蛋白含量为10% ~20%。中毒的早期症状，表现为头痛眩晕、心悸、恶心、呕吐、四肢无力，甚至出现短暂的昏厥，一般神志尚清醒，吸入新鲜空气、脱离中毒环境后，症状迅速消失，一般不留后遗症。

2. 中型。中毒时间稍长，血液中碳氧血红蛋白含量占30%～40%。在轻型症状的基础上，可出现虚脱或昏迷等症状。皮肤和黏膜呈现煤气中毒特有的樱桃红色，如抢救及时，可迅速清醒，数天内完全恢复，一般无后遗症。

3. 重型。发现时间过晚，吸入煤气过多，或在短时间内吸入高浓度的一氧化碳，血液碳氧血红蛋白浓度常在50%以上，病人深度昏迷，各种反射消失，大小便失禁，四肢发冷，血压下降，呼吸急促，会很快死亡。一般来说，昏迷时间越长，越易留有痴呆、记忆力和理解力减退、肢体瘫痪等后遗症。

【模拟训练】

一、当你在家里突然闻到煤气味时，你该怎么办？

1. 立即关闭煤气总阀；
2. 开窗通风；
3. 切勿在屋内使用明火试漏，以免发生事故；
4. 不要开关电灯等电器设备和接打电话，避免出现电火花而引爆泄漏的燃气；
5. 立即检查燃气泄漏的原因，必要时，可到户外拨打燃气检修电话，求得燃气部门的帮助。

二、策划一场主旨为“如何正确、安全使用燃气”的公益宣传活动。

1. 确定参加人员并召开会议进行分工；
2. 确定宣传地点、时间，测算活动经费，查看天气；
3. 向工商、城管部门申请活动地点；
4. 制作宣传单、调查问卷、宣传标语，准备宣传用具；
5. 活动宣传；
6. 总结得失，提出改进建议和措施。

【交流讨论】

1. 为什么说冬季是煤气中毒事故的高发期？
2. 如何对家庭进行一次全面而有效的燃气安全检查？

第二章　家养动物勿伤人

话题1　防动物咬伤

【引言】

上海市卫生局统计数据表明:2011年1—8月份,上海市共处理被动物咬伤人员达10.2万人次,6人死亡,较前3年同期都有明显增长。狂犬病导致全球每年5万多人发病死亡。青年学生出于天性,喜欢逗弄小动物,受伤害的几率很大,因此我们有必要掌握一些防范动物伤害的知识。

【案例点评】

案例1: 一天,17岁技校生小李,在离家不远的一处地方歇凉。突然,一只野猫不知从何处蹿了出来,径直扑向小李,咬伤小李的左小腿。一个月、两个月……近一年过去了,就在家人渐渐淡忘此事时,小李的性情突然变得狂躁不安,嘴里还不停地嘀咕着什么……

点评: 小李现在可能是感染上了狂犬病毒。小李被小猫咬伤之后没有去医院注射狂犬疫苗。人一旦被小猫等动物咬伤,应及时去医院治疗,注射狂犬疫苗。狂犬病传染源是狗、猫、猪、牛、马等家畜和野兽,病毒主要通过咬伤传播。

案例2: 中学生小刘向医生反映:“睡觉的时候,突然大拇指一阵刺痛,一挥手,有个什么东西窜了过去,是老鼠!”说到晚上被咬伤的经过,小刘仍然心有余悸。

点评: 小刘被老鼠咬伤后及时到医院寻求治疗,这是正确的做法。春秋季节为鼠疫高发期,人被老鼠咬伤后,如不及时治疗,将会感染鼠疫、狂犬病、肾综合征出血热、钩端螺旋体病等多种疾病。

案例3: 家住珠海前山的鲍女士家里养了一只宠物龟。某日,鲍女士17岁的儿子在无聊之时搬弄乌龟,不料手被平常温顺的乌龟咬了一个口子,拇指上立即出现了血印子,鲍女士非常担心儿子会感染狂犬病毒。

点评：鲍女士儿子的这种情况可以不注射狂犬疫苗。从理论上讲，野生的哺乳的食肉性动物感染狂犬病毒的风险最大，如犬、猫、蝙蝠、黄鼬、老鼠等，这些温血动物可能携带狂犬病毒。至于蛇、龟等是不会感染狂犬病毒的，所以被龟、蛇咬伤后，要采取防中毒等治疗措施，不需要注射狂犬疫苗。

【安全常识】

一、人是通过哪些途径感染狂犬病毒的？

1. 被带毒动物咬伤、抓伤或舐舔黏膜，病毒通过伤口或黏膜进入人体。

2. 宰杀带毒动物、剥带毒动物皮、接触带毒动物污染的物品时，病毒通过破损的皮肤或黏膜进入人体。

二、生活中如果稍不注意就会被动物咬伤，如果我们参照以下做法，基本上就可以避免被动物咬伤。

1. 不要主动去挑衅动物。

2. 与不熟悉的动物保持一定距离。即使是对熟悉的动物，主人不在时也要与之保持距离。

3. 动物进食和睡觉时不希望被打扰，要学会尊重它们的这种意愿。

4. 动物逼近时要保持冷静。看着动物，但不要直视动物的眼睛，因为直视动物的眼睛对于动物来说意味着挑战。此外，人的声音太大或快速移动都会使动物受惊。

5. 观察动物进攻前发出的信号。例如，弓背、背毛竖起、龇牙咧嘴、威胁性地吠叫、尾巴高高竖起等。

6. 如果你恰好手边有"挡箭牌"，比如背包或自行车，就用它们挡在你和动物之间。

7. 如果动物已经开始进攻，可以把身体缩成一团以保护头部、颈部和腹部。

8. 被动物咬伤后要立刻去医院处理，并向当地动物防疫部门报告。

三、生活中如果不小心被动物咬伤或抓伤，了解治疗程序和方法，可以更快更好地保护自己。

1. 彻底冲洗。立即用肥皂水、清水、洗涤剂或对狂犬病毒有可靠杀灭效果的碘制剂、乙醇等彻底冲洗伤口20分钟以上。

2. 严格消毒。在彻底冲洗后，用2%～3%的碘酒或75%的酒精涂于伤口，以清除或杀灭局部的病毒。

3. 酌情处置。对未伤及大血管的伤口尽量不要缝合，也不必包扎。对需要缝合的较大伤口或比较严重的面部伤口，应在清创消毒后，先用狂犬病免疫血清或免疫球蛋白浸润伤口，数小时后（不低于2小时）再予以缝合和包扎。对伤口深而大者可放置引流条，并使用抗生素和破伤风抗毒素，以控制其他感染。

4. 接种疫苗。原则上是越早越好，一般咬伤者应于当天和第3天、第7天、第14天和第28天各注射一剂狂犬病疫苗。

5. 再次受伤者疫苗接种方式。全程接种疫苗后1年内，若再次被动物咬伤，应于咬伤当天和第3天各接种一剂疫苗。超过1年再次被咬伤者，应接种全程疫苗。若在3年内进行过加强免疫又被咬伤，则应于受伤当天和第3天各接种一剂疫苗。超过3年者应接种全程疫苗。

6. 使用免疫制剂。对于有皮肤损害及免疫功能低下者，应在接种疫苗的同时，在伤口周围浸润注射动物源性抗血清或人源免疫球蛋白。

【知识链接】

一、被哪些动物咬伤可得狂犬病?

各种温血哺乳类的家畜及野生动物均有可能携带狂犬病毒，常见的有狗、猫、鼠、鼬獾、兔、狼、蝙蝠、浣熊、猴、牛、猪等动物，被它们咬伤、抓伤后不进行医学处理，有可能得狂犬病。

二、狂犬病一旦发病，百分之百死亡。

狂犬病潜伏期长短不一，多数病例的潜伏期集中在20~90天，绝大部分病例的潜伏期在1年以内，短于15天或超过1年的均为少见。狂犬病表现为急性、进行性、几乎不可逆转的脑脊髓炎，特有表现为恐水、怕风、恐惧、兴奋、咽肌痉挛、流涎、进行性瘫痪，最后因呼吸、循环衰竭而死亡。狂犬病一旦发病，其进展速度很快，病程多数在3~5天，很少有超过10天的，病死率几乎为100%。

三、注射狂犬疫苗期间要注意哪些事项?

1. 禁止使用皮质激素类药物。

2. 忌酒、浓茶及辛辣刺激性食物。

3. 加强营养，进行适当的体育锻炼，提高抗病能力。

【模拟训练】

一、狗最通人性，最忠实于主人。生人进入它的领地，它会异常警觉，会狂吠、示狠乃至扑咬。若被狗咬伤，你将怎样处理呢?

1. 冲洗伤口要分秒必争，以最快速度把沾染在伤口上的狂犬病毒冲洗掉。冲洗前应先挤压伤口，排去带毒液的污血，但绝不能用嘴去吸伤口处的污血。如伤口较深，冲洗时可用干净的牙刷（纱布）和浓肥皂水反复刷洗伤口，并及时用清水冲洗，刷洗至少要持续30分钟。

2. 冲洗后用2% ~3%的碘酒或75%的酒精局部消毒，或用5%的石炭酸局部烧灼伤口。处理好的局部伤口，不需包扎，别涂软膏。

3. 尽快注射狂犬疫苗。被动物咬伤后应尽早去医院注射狂犬疫苗，越早越好。首次注射疫苗的最佳时间是被咬伤后的48小时内。严重咬伤时，除了注射疫苗外，还需要用抗狂犬病免疫血清在伤口及周围局部浸润注射。

4. 加强营养，进行适当的体育锻炼，提高抗病能力。

二、“一朝被蛇咬，十年怕井绳”，说的是蛇伤的可怕，怎样预防被蛇咬伤？若被蛇咬伤，又怎么自救呢？

为了预防蛇咬伤，在有蛇活动的环境中行走或工作时，不要赤脚，应该穿上长筒靴；手里拿根棍子，“打草惊蛇”；不要随意挑逗蛇；随身携带一些蛇药，一旦被蛇咬伤，立即服用或敷在伤口处。

如果不小心被蛇咬了，要仔细检查伤口，以判断是不是被毒蛇咬伤的。无毒蛇咬伤的伤口有两行或四行均匀而细小的牙痕。毒蛇咬伤的伤口多为一对大而深的牙痕，并伴有红肿等中毒症状。

万一被毒蛇咬伤，应及时采取以下急救措施：

1. 用止血带或其他代用品在被咬伤的肢体上端进行缚扎，不能扎得过紧，缚扎时间也不能太长。

2. 用手挤压伤口周围，时间也不能太长，尽量把毒液排出。

3. 毒液排出后，把伤肢放进冷水中，并解开止血带。

4. 用1∶5000的高锰酸钾溶液浸泡、冲洗伤口。

5. 尽快到医院治疗或作进一步处理。

【交流讨论】

1. 谈谈在户外活动时遇到猫、狗等动物侵害时的做法。

2. 请被动物咬伤过的人谈谈自身治疗经历。

话题 2 防寄生虫感染

【引言】

随着人们生活水平不断提高,养宠物的家庭越来越多。宠物种类五花八门,有猫、狗、猪,有鸟类,有龟、蛇、蜥蜴,还有鼠类等。有的人喜欢把猫、狗搂在怀里,有的人与之亲吻、共食,有的人将之带上床,殊不知这些做法都是很危险的!几乎每种动物都携带大量的寄生虫,一旦从动物传染给人,后果会非常严重。

2001 年 6 月至 2004 年年底,卫生部在全国 31 个省(市、区)开展人体重要寄生虫调查。共有 350000 人接受检查,查出人体感染的寄生虫有 26 种,感染率高达 20% 。由此看来,人与动物科学相处,更好地预防寄生虫感染,十分必要。

【案例点评】

案例 1: 据报载,湖北的花季少女小周罹患怪病,反复高烧、下肢瘫痪,数年找不到病因。后经南方医科大学珠江医院骨科医生努力,终于帮她揪出了致病的元凶。活检显示,她的下肢竟是被虫子蛀瘫的!原来,小周自小喜欢与猫、狗相伴,甚至带着猫、狗睡觉。医生推测她在幼年时已通过家里的宠物染上包虫病,由于多年受虫子侵蚀,21 岁的她身上多处骨头已被不同程度噬空,术前已瘫痪在床近一年。

点评: 小周的病情表明,寄生虫可通过宠物传染给人,潜伏多年后才出现症状,发病时症状怪异,病因难寻。

案例 2: 妈妈给 16 岁的林可买了一只兔子作为生日礼物。林可非常喜欢,每天一回家就要先抱一会儿。没过几天,林可右边脸下半边出现了一小片密密麻麻的红癣,当时以为是吃东西过敏,妈妈去药店买了药膏给她涂上。涂了药膏之后,林可脸上的红癣反而越来越严重,覆盖了整个右脸的下半部分,连脖子上也出现了红斑。妈妈赶紧带她到东南大学附属医院皮肤科就诊,医生仔细询问了林可患病前后的情况并做了化验,结果显示是真菌引起的感染,估计和养的宠物兔有关。经过一段时间对症治疗后,林可脸上的红癣完全消退。

点评: 林可的红癣是亲动物性真菌感染引起的,症状比较严重,如果治疗不及时、不彻底的话,有可能会留下疤痕。宠物身上携带的一些真菌和寄生虫可能会引起人的感染和过敏，因此养宠物一定要做好检查和防疫，避免亲密接触未接受防疫措施的宠物。

案例3：“我没想到生吃鱼、蟹会这么危险。”2007年年初，17岁少女看着湖南湘雅二医院大夫从自己脑部取出长达18厘米的寄生虫时，后怕不已。3年来，这个少女反复发作癫痫，后经外科检查后，发现她脑内有一条罕见的脑裂头蚴。经过手术，医生从其左额叶脑组织中取出一条乳白色、长18厘米、直径1毫米的“长虫”。将其放入生理盐水中，虫子的头节竟然在水中游动起来。

点评：这位少女儿时爱生食鱼、蟹，从而让脑裂头蚴寄生在自己大脑里。吞食生的或未煮熟的蛙肉、蛇肉、鸡肉、猪肉，饮用生水、生吃水产品等都有可能感染寄生虫。

【安全常识】

一、寄生虫对人体有哪些危害呢？

1. 吸食、夺取人的营养。寄生虫在宿主体内生长、发育和繁殖所需的物质主要来源于宿主，寄生的虫体越多，人体被夺取的营养就越多。如蛔虫和绦虫寄生在人的肠道中，夺取大量的养料，并影响肠道吸收功能，引起宿主营养不良；钩虫附于肠壁上吸收大量血液，引起宿主贫血。

2. 机械性损伤。寄生虫对所寄生的部位及其附近组织和器官可产生损害或压迫作用，如蛔虫多时可扭曲成团引起肠梗阻；棘球蚴寄生于肝脏内，压迫肝组织及腹腔其他器官；蛔虫幼虫在肺内移行时穿破肺泡壁毛细血管，引起出血。

3. 毒性和抗原物质的作用。寄生虫的分泌物、排泄物和死亡虫体的分解物对宿主均有毒性作用，如阔节裂头绦虫的分泌排泄物可能影响宿主的造血功能而引起宿主贫血；棘球蚴囊壁破裂，囊液进入腹腔，可以引起宿主发生过敏性休克，甚至死亡。

二、寄生虫的生存离不开它的依附体，因而切断寄生虫的传播途径，就可以预防寄生虫感染。

大多数寄生虫病都是经口而感染的，如蛔虫病、蛲虫病、绦虫病、钩虫病；血吸虫病是经皮肤感染的；疟疾、丝虫病、黑热病等由蚊子、白蛉等吸血昆虫传播。预防寄生虫病要做到：

1. 注意个人卫生，勤剪指甲，坚持饭前便后洗手。

2. 防止“虫从口入”。不喝生水，不吃生的或未煮熟的鱼、肉、虾、蟹，生吃瓜果、蔬菜要洗净。

3. 避免手、脚等处皮肤与有钩虫丝状蚴潜伏的潮湿土壤、农作物接触。

4. 在血吸虫病疫区避免接触疫水。
5. 保护好水源,保护易感人群。
6. 改善环境,防蚊灭蚊,杀灭白蛉等传播寄生虫病的昆虫。

【知识链接】

我国防治寄生虫病的成就和现状:

新中国成立以后,我国寄生虫病防治工作才被提到议事日程,首先花大力气对流行严重、危害最甚的五大寄生虫病进行防治,取得了令人瞩目的成就。

20 世纪 50 年代初期,我国疟疾的年发病人数逾 3000 万,1990 年降到 17.5 万;1992 年全国 1829 个疟疾流行县(市)中,已有 937 个县(市)达到基本消灭疟疾的标准。严重危害人畜健康的血吸虫病,流行于长江流域 12 个省(市、区),患者人数达 1190 万,经过几十年的防治工作,累计治愈患者 1100 万;1992 年年底,全国 380 个流行县(市)已有 259 个县(市)达到消灭或基本消灭血吸虫病的标准。在新中国成立初期淋巴丝虫病感染人数估计为 3099 万,流行该病的 15 个省(市、区)的 864 个县(市),到 1990 年,除 1 个省 28 个县外,均已达基本消灭该病的指标。曾经流行于长江以北 16 个省(市、区)的 665 个县(市)的黑热病,患者达 53 万,经治疗病人和消灭媒介白蛉等措施,1958 年即得到全面有效控制,现在只有 6 个省(区、市)的 30 余个县有零星散在病例,70 年代以来的防治工作重点是对西北荒漠地区的散在病例和某些大山区局部流行的控制。

但是,我国寄生虫病防治工作还存在着许多困难和问题,已取得显著成绩的寄生虫病的疫情不稳定,在部分地区出现了疫情反复现象。例如,疟疾流行因素尚未根本改变,海南、云南两省的恶性疟未得到有效控制,传疟的蚊媒难于消灭,仍广泛存在,加上人口的大量流动和恶性疟抗药性的增加,近年时有突发流行和局部疫情回升现象;血吸虫病近年在某些原已控制的地区死灰复燃,急性感染人数增加,在洞庭湖、鄱阳湖等广大湖沼地区与地形复杂的川滇广大地区,传染血吸虫病的钉螺分布面积大,这些湖区和大山区至今还在探求行之有效的科学防治办法;丝虫病经过多年的群众性服药治疗,虽然在控制传染源方面效果显著,但由于虫媒问题未能解决,此病威胁仍然存在,而且已基本消灭丝虫病的地区监测工作发展不平衡;在西北地区散在发生的黑热病病例从未间断,陇南、川北地区又出现新病例;此外,多种其他寄生虫病仍在危害人们的健康和生命。随着经济发展和旅游业兴起,国内外人民交往频繁,某些寄生虫病和媒介动物的输入,给我国寄生虫病防治工作带来新的问题。

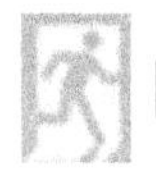

【模拟训练】

2010年10月,北大人民医院儿科来了一位湖南患者。患者一个月前出现不明原因的持续高烧、贫血症状,身上还有皮疹,肝、脾、淋巴结肿大。医生为其使用了常用抗生素治疗,患者病情不见好转,越来越重。医生曾怀疑孩子得了疟疾、伤寒,甚至怀疑到恶性肿瘤,但这些可能性均被一一排除。经仔细问诊,医生发现,孩子在患病前曾到过农村,接触过家禽家畜。于是医生一次次为孩子抽血化验检查,最后才确诊为感染上了附红体病。

一、读了上面的材料,请你说说人类与哪些动物共处易患寄生虫病。

由于宠物的生长环境相对具有不可控性,其病原寄生虫种类繁多,不少可在人畜之间传播,引起人畜共患寄生虫病,记载显示:狗、猫与人共患的寄生虫病有近40种。

跳蚤、弓形虫、蛔虫、肝片吸虫、绦虫、旋毛虫等引起的寄生虫病是最为常见的人畜共患的寄生虫病,感染途径为接触、经口感染和蚊虫叮咬。宠物的粪便、汗液、皮脂液、毛发里都可能有寄生虫卵,人抚摸宠物后,可能通过皮肤或口腔感染寄生虫病。同时,蚊虫是某些寄生虫的中间宿主,人被叮咬时也可能感染寄生虫病。

二、从上面的材料分析,人体感染寄生虫病的途径有哪些?

1. 接触了被寄生虫感染的水、泥土或是动物的粪便或尿液。
2. 手在没有保护的状况下直接接触已受到感染的动物的分泌物,如血液、脓液等。
3. 徒手将虱子从动物身上抓下来并压破。
4. 呼吸已感染动物的飞沫。
5. 与动物亲密接触,被猫、狗舔舐、抓伤或是咬伤。
6. 生食或吃未煮熟的、生病的、已变质的动物肉。

三、动物身上有那么多的寄生虫,对于家养动物可以采取以下措施来保证卫生。

1. 为家中宠物定期驱虫。狗、猫成年后每年应驱虫2~3次。
2. 经常给宠物洗澡。主人要有简单的防护措施,如戴上手套、穿工作服等,避免皮肤直接接触。若宠物太脏,可先用稀释的消毒液将宠物毛发打湿、消毒后再洗。
3. 宠物的排泄物要及时清理,最好作无害化处理,如消毒或深埋。

4. 在家中划定宠物的活动区域,定期消毒,最好别让宠物进入卧室、厨房。

5. 别给宠物吃生食,定期给宠物体检。

6. 抚摸宠物或和宠物亲密接触后要及时洗手、洗脸,避免搂抱、亲吻等过分亲昵的动作。

【交流讨论】

1. 谈谈人类与动物如何科学相处。

2. 谈谈你养宠物的经验。

社会和谐篇

Part 3

社会上的人际交往复杂，危险无处不在，如黄赌毒的诱惑，邪教传销的洗脑，烟酒对身体的伤害，互联网上同样也是危机四伏。同学们在社会交往中要运用知识与智慧，提高警惕，注意陷阱，加强自我防范。因此，掌握一定的安全常识与处理方法，对于我们创建和谐社会、确保健康幸福是迫切而必要的。

第一章　社交远离陷阱

话题1　远离黄赌毒

【引言】

黄赌毒,指卖淫嫖娼、贩卖或者传播黄色信息,赌博,种植、买卖或吸食毒品,组织或参与黑恶团伙的违法犯罪现象。在中国,黄赌毒是法律严令禁止的活动,是公安机关主要打击的对象。针对黄赌毒的刑罚从拘留至死刑不等。

黄赌毒是严重危害社会的毒瘤,是全人类的公害。引发的案件数量巨大,仅广西公安机关在2011年4月开展的为期一个月的专项打击中,共侦破各类黄赌毒违法犯罪案件4000余起,打掉组织犯罪团伙30多个,抓获各类违法犯罪嫌疑人10000多名,收缴赌博游戏机4000多台。

但是,黄赌毒的现象在一些地方仍不能得到有效遏制,有的地方黄赌毒现象甚至在学生中间暗暗蔓延,这是一种很危险的倾向,值得我们学生高度重视。

【案例点评】

案例1: 17岁的小海是一所技工学校的学生,2008年下半年,其通过别人发的网址登录了名为"爱城网"的黄色网站,为了免费看到更多的黄色图片、文章,小海按照该网站的要求从别的网站上下载淫秽图片、小说等转贴到"爱城网"上供他人浏览。安徽省马鞍山市花山区人民法院对这起网络传播淫秽内容案作出一审判决,以小海犯传播淫秽物品罪判处其拘役6个月,宣告缓刑6个月。

点评: 网络给现代人生活带来很多便利,但是,无孔不入的网上色情信息,却像海洛因一样,吞噬着青少年的心灵。网络黄毒冲击着数以百万计青少年的道德底线。小海作为一名学生,辨别是非能力薄弱,没有意识到黄色内容对自己的危害,自己浏览的同时还大量传播,走上了犯罪道路。我们学生要加强自身道德修养,接受科学的性教育。我们要净化网络环境,消除黄色网站的不良影响,提倡绿色上网。

案例2：17岁的小强在假期结识了一些社会上的不良分子，并在他们的诱惑下多次参与赌博，还欠下500多元赌债。为了偿还赌债，小强多次手持三棱刮刀，强行劫取9名小学生的财物，得赃款人民币400余元。人民法院认为小强涉嫌抢劫罪，依法对小强进行了刑事处罚。

点评：小强参与赌博，最终抢劫财物，可见赌博的危害很大。有一句法国谚语说："赌徒的钱包上没有锁。"清朝的蒲松龄写道："天下之倾家者，莫速于赌；天下之败德者，亦莫甚于博。"俗话也说："十赌九输。"这些都说明赌博一无是处。社会上有许多人因为沉迷赌博，失去了应有的人格，以致倾家荡产、家破人亡。这样的事情真是太不应该了。远离赌博，远离犯罪，我们的社会才会更和谐，家庭才会更美满，生活才会更幸福！

案例3：16岁的男孩小华虽然从小爱玩好动，但学习成绩一直很好。这个年纪的孩子，爱打游戏的挺多，小华也不例外。一次，在网吧，小华认识了一群哥们。他们掏出一种白色粉末，围坐在那里吸，一副飘飘欲仙的样子，一下子就引起了小华的好奇。当哥们怂恿他尝一口时，小华毫不犹豫地伸出了手。有了第一次，就有了第二次、第三次。后来，为了弄钱吸毒，小华开始学会说谎，学习成绩直线下降，也没心思上学了，甚至骗低年级同学的钱。

点评：这个小小年纪的"瘾君子"让我们在叹息之余，更为他对毒品的不设防而痛心。吸食毒品犹如玩火，吸毒与犯罪是一对孪生兄弟。好奇无知是小华接触"白色幽灵"的主因。学生生理、心理都未完全成熟，乐于探索一切新鲜事物，而不了解吸食毒品的危害性。可悲的是，有的学生觉得摇头丸之类的东西根本不是毒品，甚至把吸毒看成"时尚"、"有个性"，更有甚者，一些女孩子居然相信吸毒有助减肥、美容而"毅然下水"。殊不知吸毒是违法行为，是在往绝路上走！

【安全常识】

一、案例中小海、小强、小华都是风华正茂的学生，却走上了传播黄色信息、参与赌博、吸食毒品的违法犯罪道路，可见黄赌毒对学生的影响非常大。因此，我们一定要认识黄赌毒的危害。

1. 万恶淫为首，淫秽内容易导致社会风气败坏，引起各种各样的社会犯罪，损害学生的身心健康。

2. 赌博的危害有如下几点：

（1）赌博严重影响学习、工作，妨碍休息，损害身体健康。

（2）赌博严重影响人际关系。赌者夜不归宿，无心与朋友、同学交往。在赌博的过程中很容易争得脸红脖子粗,吵闹不休,甚至大打出手。

(3) 赌博还会诱发违法犯罪。赢家有了钱,随心所欲,挥霍无度;输家耗尽钱财,债台高筑,为了还赌博之债,有的甚至铤而走险,进行诈骗、偷窃甚至杀人。

3. 毒品的危害可以说有很多:

(1) 吸毒对身体的毒性作用:是指用药剂量过大或用药时间过长引起的对身体的一种有害作用,通常伴有机体的功能失调和组织病理变化。中毒的主要特征有:嗜睡、感觉迟钝、运动失调、产生幻觉、妄想、定向障碍等。

(2) 戒断反应:是长期吸毒造成的一种严重的具有潜在致命危险的身心损害,通常在突然终止用药或减少用药剂量后发生。许多吸毒者在没有经济来源购毒、吸毒的情况下,或死于严重的身体戒断反应引起的各种并发症,或由于痛苦难忍而自杀身亡。戒断反应也是吸毒者戒断难的重要原因。

(3) 精神障碍与变态:吸毒所致的最突出的精神障碍是产生幻觉和思维障碍。吸毒者行为怪异,往往会围绕毒品转,甚至为吸毒而丧失人性。

(4) 感染性疾病:静脉注射毒品会带来感染性并发症,最常见的有化脓性感染和乙型肝炎,以及令人担忧的艾滋病问题。此外,还会损害神经系统、免疫系统,使吸毒者易感染各种疾病。

(5) 对家庭的危害:家庭中一旦出现了吸毒者,家便不成其为家了。吸毒者在自我毁灭的同时,也在破坏自己的家庭,使家庭陷入经济破产、亲属离散,甚至家破人亡的困难境地。

(6) 对社会生产力的巨大破坏:吸毒首先导致身体疾病,影响生产,其次是造成社会财富的巨大损失和浪费,同时毒品活动还造成环境恶化,缩小了人类的生存空间。

(7) 毒品活动扰乱社会治安:毒品活动加剧诱发了各种违法犯罪活动,扰乱了社会治安,给社会安定带来巨大威胁。

二、案例中三位学生的结局令人痛心,我们一定要增强法律意识,净化心灵,洁身自好,防范黄赌毒的侵蚀。那么,人们怎样才能远离黄赌毒呢?

1. 提高自我免疫力,构筑强有力的思想防线。充分认清黄赌毒的社会危害,无论何时何地,都要能经得起诱惑和考验。特别是面临亲朋好友的“劝降”时,对“享受人生”、“对得起自己”等言论,要坚决抵制,自有主见,不沾染黄赌毒。

2. 洁身自好,不该去的地方不去。社会上有的公共娱乐场所,如桑拿洗浴中心、网吧、酒吧、KTV 歌厅等,程度不同地容留黄赌毒。学生要守得住校园,耐得住学习的寂寞,不要混入那些是非之地。

3. 保持清醒的头脑,理智行事。节假日之时、朋友喝酒聚会后,经常尝试新的游戏方法、观看新奇影视录像制品等,在这些时机和场所,青年人沾染黄赌毒的几率较高,学生要学会自控、自逃,不要陷入其中。

4. 同学之间要互相帮助,义正词严。自己一旦有轻微劣迹,要听得进批评教育,接受别人的规劝。要主动向学校老师坦白认错,认真悔过自新,揭发检举组织黄赌毒的首要分子。

【知识链接】

一、常见的新型毒品有哪些?

1. 冰毒。冰毒的精神依赖性极强,目前已成为国际上危害最大的毒品之一。吸食冰毒后会产生强烈的生理兴奋,能大量消耗人的体力和降低免疫功能,严重损害心脏、大脑组织甚至导致死亡。吸食成瘾者还会造成精神障碍,表现出妄想、好斗等症状。

2. 摇头丸。俗称"迷魂药",由于滥用者可出现长时间难以控制地随音乐剧烈摆动头部的现象,故称为"摇头丸"。片剂,形状多样,五颜六色。

摇头丸具有兴奋和致幻的双重作用,在药物的作用下,用药者时间概念和认知出现混乱,整夜狂舞,不知疲劳。同时在幻觉作用下人的行为失控,常常引发集体淫乱、自残与攻击行为,并可诱发精神分裂症及急性心脑疾病。

3. K粉(氯胺酮)。静脉全麻药,有时也可用作兽用麻醉药。一般人只要足量接触两三次即可上瘾,是一种很危险的精神药品。K粉外观上是白色结晶性粉末,无臭,易溶于水,可随意勾兑进饮料、红酒中服下。

在毒品作用下,吸食者会疯狂摇头,很容易摇断颈椎;同时,疯狂地摇摆还会造成心力、呼吸衰竭。K粉具有很强的依赖性,服用后会产生意识与感觉的分离状态,导致神经中毒反应、出现幻觉和精神分裂症状,表现为头昏、精神错乱、过度兴奋、幻视、幻听、运动功能障碍、抑郁以及出现怪异和危险行为。吸食过量或长期吸食,可以对心脏、肺、神经都造成致命损伤,对中枢神经的损伤比冰毒还厉害。

4. 麻古。"麻古"系泰语的音译,是一种加工后的冰毒片剂,外观与摇头丸相似,通常为红色、黑色、绿色的片剂,属苯丙胺类兴奋剂,具有很强的成瘾性。

服用后会使人体中枢神经系统、血液系统极度兴奋,能大量消耗人的体力,使人的免疫功能衰竭。长期服用会导致情绪低落及疲倦、精神失常,损害心脏、肾和肝,严重者甚至死亡。

二、常见的成瘾性药品有哪些?

1. 联邦止咳露。联邦止咳露属于严格管理的处方药。止咳露等药物均含有磷酸可待因,能引起中枢神经兴奋,强度大概为吗啡的 1/4,过量服用 3 个月以上就可能成瘾。

2. 可非。本品为磷酸可待因和盐酸异丙嗪的复方制剂,是黄色澄清的浓稠液体。用于治疗流行性感冒等病引起的咳嗽。长期使用可引起依赖性,导致浑身无力,整日昏昏欲睡,记忆力减退。

3. 曲马朵。本品为白色片状,非咖啡类强效镇痛药,可用于缓解癌症、骨折、手术等导致的中度至重度疼痛。人体对曲马朵具有轻度的耐药性和依赖性,如果不按医嘱使用或无节制使用,极易造成对这一药物的依赖,应当引起高度重视,绝不能滥用。

【模拟训练】

一、你在上网时如何防止误入色情网站?

1. 自觉安装不良信息过滤软件,如绿坝导航,要有不良关键词过滤和网址过滤功能,避免被网络上黄赌毒等有害信息内容侵蚀。

2. 通过网址导航进入相应网站,如 hao123 网址之家。也可在地址栏内键入需要进入网站的网址。这样可以有效地进入需要的网站,避免进入一些来路不明的网站,从而误入不良网站。

3. 安装杀毒软件和防火墙,防止木马入侵电脑,避免自动弹出不良网页,传播病毒、窃取信息等。

4. 如果误入色情网站,不要抱有好奇心继续点击,而是应记下网址,到互联网违法和不良信息举报中心网站举报。

二、你的同学小张喜欢玩牌,还来点“刺激”,输赢常常在 100 元左右。你如何劝说小张不要赌博?

向他说明赌博的危害性:① 赌博易使我们学生产生贪欲,久而久之会使我们的人生观、价值观发生扭曲;② 大量浪费学习和休息的时间,以致严重影响学习,导致成绩落后,甚至造成留级、退学等不良后果;③ 毒害学生的心灵,赌博活动易使中学生产生好逸恶劳、尔虞我诈、投机侥幸等不良的心理品质;④ 赌博习惯较难改,长大后可能成为赌棍或职业赌徒;⑤ 经常赌博还会沾上吸烟、饮酒、说谎、打架、偷窃等坏习气。因此,赌博对学生是有百害而无一利的。

如果劝说无效,也可以借助家长和学校老师的力量,教育、引导他改变陋习。

【交流讨论】

1. 请你说说身边人迷恋赌博游戏机的危害。
2. “我的自制力强，即便吸点毒品也不会上瘾”，对此谈谈你的看法。

**话题2** 勿入非法组织

【引言】

非法组织是未经批准成立的组织，多从事违法犯罪活动，传销、邪教、帮派这些非法组织严重扰乱社会正常的经济秩序和社会稳定，给参与者及其家庭也造成了巨大伤害。

近年来，非法组织逐步渗透到了校园，学生成了被利用、控制的对象，传销、邪教和帮派文化侵袭校园。仅广东省统计显示，从2008年到2011年，广东各级法院判处的未成年罪犯数量达5万多人，占全国比例约为10%。研究显示，这些犯罪中超过半数是团伙犯罪，其中很多与少年帮派有关。

【案例点评】

案例1：2010年12月，一个19岁的常州某职业技术学院的三年级学生冯某听信网友之言，误入非法传销组织，遭拘禁长达5个月后，被常州翠竹派出所民警成功解救。冯某平时就很好学上进，作为家里唯一的男丁，冯某一心想尽快出人头地。2010年年初，小冯在偶尔的一次上网时接触了一名女网友。“你有梦想吗？你想尽快成为一名成功人士吗？我这有份好工作。”在女网友的极有渲染力的介绍下，小冯心动了。

“当时网友告诉我是一家天津的生物有限公司，生产高科技的保健品。”小冯梦想中的大企业、高年薪，这家公司都符合。于是，小冯收拾行囊，没有和家人道别，带着梦想，独自去了江西抚州，开始了创业的旅程，却没有想到这是噩梦的开始。

点评：小冯误入非法传销组织，主要原因是轻信网友，在求职期间，一定要注意安全，千万不要落入传销组织的圈套。特别注意不要被高回报的“招聘”、“加盟”等诱骗到异地。

案例2：2000年2月6日晚上10时，广东省番禺市榄核镇法轮功练习者袁某持刀闯入五保户黄某家中，对着黄某的面部连砍两刀。据袁某事后交代：1996年，她在广州市轻工学校读书时，练上了法轮功，开始还觉得精神较好，做事注意力集中，但不久就不愿与人交往，变得孤僻内向。1999年3月毕业后找到一份工作，但没多久就辞职回家。在家里既不干农活，也不跟父母讲话，一个人躲在房间里练功。自11月起，她精神恍惚，觉得自己在另外的空间里，常常梦见“大师”及多名男性要与她发生关系，还要杀她。在这些人中就有黄某，虽然黄某与袁某实际上连话都没有讲过，但袁某认定黄某在另外的空间里侵犯并伤害了她，是魔，因此一定要除掉他。袁某的父母痛哭流涕地说：“我们辛辛苦苦拼命干，每年花万把块钱供她到省城读书。家里就她书读得最多，谁知道她会读这些东西？是法轮功把我的小女儿害成这样的。”

点评：袁某误入邪教，修炼法轮功，结果在精神失常的情况下，干出了行凶杀人、害人害己的事情。由一个好端端的正常人，变成走火入魔的“疯子”，袁某就是邪教组织对修炼者进行精神控制的最终恶果。据精神病专家分析，正常人如果长期精神高度紧张，处在敬畏和恐惧之中，就难免会出现精神崩溃、病态执着或疯狂等现象。

案例3：广西西畴县某中学12人发起“跨世集团”，据当地公安机关查证，这个中学生黑社会犯罪集团仅在1999年12月至2000年6月间，就结伙打架斗殴数十次，盗窃作案27起，盗得自行车10辆、三轮车7辆，抢劫5次，强奸（轮奸）妇女10多人，无故伤害他人身体10次25人，杀死1人。作案之多，犯罪手段之残忍，令人震惊。

点评：这些学生喜欢成立团伙帮派，缺少明辨是非能力，最终违法犯罪、害人害己。校园里的帮派文化越来越普遍，帮派行动趋向专业和暴力。有很多的学生可能因为被迫或好奇而加入帮派，深入其中后却无法脱身，以致影响到今后的人生，因此，请同学们勿入帮派组织。

【安全常识】

一、案例1中冯某误入传销组织，那么，我们如何辨别传销组织呢？《禁止传销条例》第7条列举了传销的三种类型或表现形式。

1. 组织者或者经营者通过发展人员，要求被发展人员发展其他人员加入，对发展的人员以其直接或者间接滚动发展的人员数量为依据计算和给付报酬(包括物质奖励和其他经济利益),牟取非法利益的。通常,我们把这种形式简称为"拉人头"。在国际上则被称为"金字塔欺诈",各国普遍将其列入犯罪行为予以禁止。

2. 组织者或者经营者通过发展人员,要求被发展人员交纳费用或者以认购商品等方式变相交纳费用,取得加入或者发展其他人员加入的资格,牟取非法利益的。通常,我们把这种形式简称为"骗取入门费"。

3. 组织者或者经营者通过发展人员,要求被发展人员发展其他人员加入,形成上下线关系,并以下线的销售业绩为依据计算和给付上线报酬,牟取非法利益的。通常,我们把这种形式简称为"团队计酬"。在西方国家,也被称为"多层次直销"。多数国家对此予以限制,有的市场经济发达国家虽然没有禁止,但是采取了特殊的监管政策。

法规规定的这三种形式,只要符合其中的一条,就构成传销行为。

二、案例2中袁某走火入魔,干出行凶杀人的事,我们一定要充分认清邪教的危害。

1. 编造歪理邪说。邪教的共同特点是,歪曲宗教经典,拼凑所谓"教义",宣称"世界末日"来临的具体时间,制造恐怖气氛,怀疑和否定现行社会秩序,挑拨政府和民众的关系,以此欺世盗名、蒙骗群众。

2. 实施精神控制。这是邪教组织最基本的特征之一。邪教组织在鼓吹教主崇拜的基础上,一般建立与外界相对隔绝的封闭组织,实施极权和专制统治,在精神上控制信徒,以种种方式对其成员不断强化心理暗示和自我暗示。把他们的人生追求从社会实践引向虚无缥缈的境地。最后使其逐步失去自我意识,抛弃家庭亲情和社会关系,追求超常心理体验,拒绝药物治疗,痴迷于邪教的歪理邪说而不能自拔,把包括生命在内的一切都交给教主,往往导致信徒人格分裂,精神失常,对人的生命、尊严和家庭等造成严重伤害。

3. 破坏家庭。家庭是社会的细胞,对每个人来说,家庭是人生的起点,是生活的休息港湾。邪教组织煽动成员离家出走,把全部身心和财产交给教主,致使许多原本幸福的家庭支离破碎。更有信徒痴迷邪教,走火入魔,毁家丧命。

4. 骗取钱财。几乎所有邪教组织,都无一例外地以各种名目骗取钱财,用于自身的挥霍和从事邪教活动,这使得许多原本贫困的家庭雪上加霜。

5. 残害生命。世界上一切邪教都视生命为儿戏,不但挑唆、暗示练习者自戕,而且还制造了一起起骇人听闻的杀人事件,给受害者造成极大的灾难,给受害者的亲人带来巨大的痛苦,给国家和社会造成难以弥补的损失。

6. 毒害青少年。无论是美国的人民圣殿教、欧洲的太阳圣殿教、日本的奥姆真理教还是中国的法轮功,几乎无一例外地都把青少年,特别是儿童,作为他们裹挟与戕害的对象。邪教组织不仅残害未成年人的性命,而且还毒害他们的思想,葬送他们的前程。

7. 煽动闹事,扰乱社会秩序。社会稳定、安宁,是每个老百姓所向往的。而邪教组织唯恐天下不乱,他们制造事端,破坏社会稳定,丧心病狂地危害人民生命安全。

三、对于案例3中的校园帮派违法犯罪现象,同学们如何看待?如何自觉抵制这些不良行为呢?

学生涉黑危害极大,中小学周边的环境不容乐观。在时间、地点以及环境、人员都适当的时候,学校周边确实有本校、邻校、校外社会青年集结在一起危害在校学生的人身、财产安全。校园帮派一般是由校内学生间发生矛盾、打架,甚或因早恋等原因引起互相间不满,在学校外部找人打架发展起来的,并进一步恶化为未成年人黑势力,甚至形成一个相对固定的团伙,经常扰乱小学、中学正常的教学秩序。这些校园帮派也有可能发展成为未成年人的抢劫团伙,在多年后因没有得到及时教育、打击、帮教而成为违法犯罪人员。

在校学生要区别同学友谊与哥们义气。帮助同学,应该是建立在积极健康、共同成长基础上的,在学习上、生活上,相互帮助,而不是为了替同学出气而不分是非。

我们要正确看待个人英雄主义。渴望得到尊重是正常需求,但受人尊重不是出风头。我们要通过个人的成长、优良的个性赢得别人的认可,而不是通过那种虚假的英雄主义。

【知识链接】

一、说到传销,大家深恶痛绝,那么什么是传销呢?

传销是指组织者或者经营者发展人员,通过对被发展人员以其直接或者间接发展的人员数量或者销售业绩为依据计算和给付报酬,或者要求被发展人员以交纳一定费用为条件取得加入资格等方式牟取非法利益,扰乱经济秩序,影响社会稳定的行为。

传销的销售对象以会员为主,会员购买公司的产品,并把这种销售方式推广给下线,下线其实就主要以自己的亲朋好友为发展对象,这种销售模式是损害销售员利益的,它不会给下线销售员带来任何报酬,相反还造成了损失,并且在销售的过程中是学不到任何销售技术和经验的。所以,这种方式根本不是一种正常的工作方式，而是一种害人害己、为少数顶级上线牟取暴利的骗术。

传销的内部管理是准军事化的管理，已经实现高度组织化、暴力化，部分传销人员甚至暴力抗法或聚众冲击国家机关，山西、北京等地相继发生了传销人员冲击公安机关的事件。

传销与直销的实质区别是：直销属于商业活动，属于营销范畴；而传销是金融活动，是诈骗。

二、同学们，你知道什么样的组织为邪教组织吗？

我国《刑法》第 300 条规定：邪教组织，指冒用宗教、气功或者其他名义建立，神化首要分子，利用制造、散布迷信邪说等手段蛊惑、蒙骗他人，发展、控制成员，危害社会的非法组织。邪教都是以拯救人类为幌子，散布迷信邪说，都有一个自称开悟的具有超自然力量的教主，都是以秘密集会的组织形式控制群众，都不择手段地敛取钱财。

1979 年以来，我国部分地区陆续出现从境外渗入和境内不法分子建立的打着宗教旗号的非法组织，现在明确认定的邪教组织有 14 种：呼喊派、门徒会、全范围教会、灵灵教、新约教会、观音法门、主神教、被立王、统一教、三班仆人派、灵仙真佛宗、天父的儿女、达米宣教会、世界以利亚福音宣教会。

【模拟训练】

假如你被骗误入传销组织，该怎么办？

第一，我们要克服恐惧心理，传销只是谋财，并不会害命，即使误入其中，一般不存在生命危险，所以要克服恐惧心理，沉着冷静，不能有一些过激的行为。比如跳楼、拿刀伤人，这些都是不应该的，生命只有一次，我们要倍加珍惜。

第二，记住地址，伺机报警。到一个陌生的地方，人生地不熟，家人知道你失踪了，肯定很着急，但是苦于不知道你的具体地址，报警也没用，不好救你。所以要掌握自己所处的具体位置，如楼号、门牌号等，如果没有这些，可看看附近有没有什么标志性建筑，暗中记下饭店、商场等的名字。如果能发短信或打电话，可偷偷自己报警，或告知自己的亲人或朋友，叫他们帮你报警。

第三，在外出上课学习的途中逃离。传销组织每天都有一些户外活动，在这个过程中随行的人相对较少，便于逃离。而且在大庭广众之下，便于寻求别人的帮助。在外出后，我们要抓住时机赶紧跑，在经过一些机关单位、企事业单位时，跑过去向保安或工作人员求助；提前写好求救纸条假装买东西等和钱一块递给对方，让对方帮助报警；跑向人多的地方高声向路人求救。

第四，装病，寻找外出逃离的机会。如果传销组织控制比较严，外出的机会很少，我们可以想尽一切办法，找到外出的机会。装病是个好办法，但要装得像，不要被人看出破绽。肚子疼、拉稀，这些都是很好的借口。

第五，从窗户往外扔纸条求救。如果实在找不到逃跑的机会，可以在上厕所时偷偷写好求救纸条，为引起注意，可写在钞票上，然后趁人不备，从窗口扔下。

第六，骗取信任，寻机逃离。如果实在走不掉，看得很紧，在"敌强我弱"的情况下，就要想软办法，骗取他们的信任，让他们放松警惕，然后寻找机会逃离。

当然，只要能保持头脑清醒，任传销者他们吹得天花乱坠，我就是不上当，他们也拿你没有办法，因为传销组织是没有免费的午餐的，他们不可能长期白白养着一个大活人，你实在不做，他们也会主动放人的。所以，坚持就是胜利，只要我们能沉着冷静，与传销组织斗智斗勇、巧妙周旋，就能化险为夷，避免生命、财产不必要的损失。

【交流讨论】

1. 谈谈团结同学与拉帮结派之间的关系。
2. 直销和传销有什么区别？
3. 如何抵制社会上的邪教？

话题3　烟酒有害健康

【引言】

吸烟和过量饮酒不仅会危害自己的身体，也会对他人造成伤害，还会产生不良的社会影响。

吸烟对青少年危害更大。医学研究表明，青少年正处在生长发育时期，各生理系统、器官都尚未成熟，其对外界环境的有害因素的抵抗力较成人弱，易于吸收毒物。据美国25个州的调查，吸烟开始年龄与肺癌死亡率呈负相关。若将不吸烟者肺癌死亡率定为1.00，15岁以下开始吸烟者的死亡率为19.68，20~24岁为

10.08,25岁以上为4.08。说明开始吸烟的年龄越早,肺癌发生率与死亡率越高。吸烟还会损害大脑,使思维变得迟钝,记忆力减退,影响学习和工作,使学生的学习成绩下降。心理研究结果表明,吸烟者的智力效能比不吸烟者低10.6%。

同学们,吸烟饮酒对我们的身体影响很大,让我们多了解一些常识,关注健康话题。

【案例点评】

案例1: 刘某,男,某技工学校一年级学生。学习成绩下降至全班倒数,经班主任批评后,不但没有上进意识,相反,品质上也出了问题。该生在宿舍、厕所、教室聚众吸烟,目无校纪,并且引诱班上几名同学也染上了吸烟的恶习。他还伸手向父母要钱买烟并以烟会友,结识了几位社会不良青年,当自我需要被他人阻碍或受到不当的对待时,他就暴跳如雷,并报复他人。

点评: 吸烟现象在许多技工学校是客观存在的,并且这种现象在数量上有不断上升的趋势。在违反校纪校规的情况中,因吸烟导致违纪的人数有很大比例,而且吸烟常与酗酒、赌博、盗窃、打架等现象伴随,引起家长、学校、社会的困惑与不安。面对中学生吸烟现象,学校制定了相关的纪律要求,同时也有相当严厉的惩罚措施,但学生在厕所、宿舍、教室、街道等公共场所吸烟的现象屡见不鲜、屡禁不绝,教育效果甚微。学生正处于生长发育的关键时期,各生理系统、器官的发育不成熟,对外界环境有害因素的抵抗力弱,好奇心重,模仿性强,一旦吸烟,会危害身心的健康发育、成长。

案例2: 2011年5月20日晚,湖北省郧县某乡镇17岁学生郭某某,将中学女生周甲、周乙(分别为16岁和15岁)约至邻近乡镇一宾馆吃饭,三人均已喝醉。后郭某某趁喝醉酒的两女生不省人事之机将两人强奸。当天晚上,两位女生的父母见孩子没回家就报警。郭某某被警方抓获。法院审理认为,郭某某的行为已构成强奸罪。鉴于郭某某犯罪时不满18周岁,且其认罪态度较好,在庭审中自愿认罪,可从轻处罚,遂判处有期徒刑4年。

点评: 郭某在酒精麻痹下容易放纵自己,情绪激动,很容易受到外界环境的影响,不理智考虑事情的对错以及后果。而周甲、周乙两人,缺少防范意识,大量饮酒后不省人事,让犯罪分子有机可乘,这都是醉酒造成的严重后果。据有关统计,青少年犯罪有30%是饮酒引起的。酒精对大脑的刺激容易让人的认知能力和控制能力降低,使人往往仅凭自己的感觉行事,不再顾忌社会规章制度的约束,遇到问题采取较为极端和简单的方法解决,容易引发暴力犯罪。

【安全常识】

一、案例1中刘某染上了吸烟的恶习，最终犯下大错，因此，我们要充分认识吸烟的危害。

1. 从生理上来说，中学生正处在青春期长身体的阶段，身体各器官系统还没有发育成熟，对香烟烟雾危害的抵抗力还比较弱，容易遭受香烟烟雾的伤害。据研究：青少年吸烟成瘾可能引起思维的严重退化和智力功能的损伤，严重的会导致思维中断和记忆力障碍，吸烟者的联想、记忆、想象、计算、辨认力、智力效能比不吸烟者降低了10%左右，而且注意力难以集中。

2. 从经济上来说，中学生的首要任务是学习而不是赚钱。在经济上完全依赖于父母的支持，并不具备独立自主、自食其力的能力。吸烟的学生一旦发生“经济危机”，往往采取一些非法的手段，如偷家里的或他人的烟与钱，甚至不惜抢劫、敲诈勒索，做出违法乱纪的行为。

3. 从道德上来说，吸烟不但危害身体健康，还污染空气，损害周围人群的健康。可以说，在公共场所吸烟，是很不道德的行为。

二、为什么青少年吸烟问题成为一个非常顽固的社会问题呢？让我们来探讨一下学生吸烟的原因。

1. 受好奇心驱使，模仿长辈、教师等的吸烟行为；

2. 对谚语、俗语、俚语的实践性尝试，如“饭后一支烟，赛过活神仙”；

3. 把吸烟误认为是人际交往的一种方式；

4. 出风头，表现男子汉气概，把吸烟与男子汉气概等同；

5. 掩饰自卑、孤独的心理，以摆脱学习上或人际关系上的挫折感；

6. 被动接受他人递烟，从众心理起作用。

三、通过案例2三位学生醉酒造成严重后果的事例，我们要清楚地认识到过量饮酒对身体和心理危害极大。

1. 青少年饮酒可以导致谋杀和自杀等严重后果。由于男女身体结构和生理特征不同，女孩过度饮酒的危害更大。一个女孩喝一杯酒的危害与一个同龄男孩喝两杯酒的危害程度相同。有些研究报告指出，大约有27%的青少年在滥用酒精。这表示酒精的使用已影响到他们的身体健康、学校表现，影响到应付愤怒、焦躁或沮丧等情绪感觉的能力，同时也影响到他们跟家人、朋友沟通的能力。

2. 饮酒后约20%的酒精立即被胃吸收，其余全部被小肠吸收。吸收进血液中的酒精，除了极少数（10%）由汗、尿、唾液和呼吸排出外，其余的90%要经过肝脏解毒,但是肝脏的解毒能力有限,因此饮酒使人的组织器官和各个系统都受到酒精的毒害。青少年发育尚未完全,各器官功能尚不完备,对酒精的耐受力低,肝脏处理酒精的能力差,因而更容易发生酒精中毒及脏器功能损害,可能埋下肝硬化、胃癌、心血管病等疾病隐患。经常饮酒,容易患酒精中毒性肝炎和脂肪肝,最终发展为肝硬化。常饮烈性酒的人70%患慢性胃炎,50%患消化不良症,并且会诱发食管癌、胃癌、胰腺癌等。长期饮酒,可引起营养和代谢失调,造成蛋白质、维生素及矿物质供应不足,损害牙齿,影响青少年的生长发育。

3. 酒精对人的中枢神经系统的危害最严重。中枢神经系统有兴奋和抑制作用。少量饮酒可令人兴奋,过量则形成抑制作用。如果饮酒过多,就会脸红,说胡话,然后站立不稳以至醉倒、呕吐等。也可能会导致昏睡,面色苍白,血压下降,最后陷入昏迷,严重的还可以引起呼吸困难、窒息,有人甚至因酒精中毒而死亡。酒精对中枢神经系统的作用分两个时期。少量饮酒,大脑皮层高级神经活动首先受到抑制,使得高级中枢对皮层下中枢的控制减弱,使人丧失理智和克制态度,表现为所谓"兴奋"现象,并有头晕、恶心、呕吐等现象。继续饮酒,可出现语无伦次、步履不稳、动作不协调和嗜睡、昏迷现象,严重者可因呼吸中枢麻痹而死亡。由于青少年的视神经尚未发育完善,当血液酒精浓度达到15~55毫克/100毫升时,视力严重减弱,达到200~300毫克/100毫升时,可发生复视。饮酒后,不仅神经反射的速度显著减慢,酒精对脑细胞的损害也相当大,对大脑发育极为不利,造成学习效率降低,或在体育比赛中难以创造出理想的成绩,还容易发生各类安全事故。

4. 青少年饮酒,还容易引起肌肉无力,性发育早熟。酒精对精子和卵子都有毒害作用,容易造成不育或影响胎儿生长发育。女孩还容易未老先衰。东晋时代的文学家陶渊明文章写得酣畅淋漓,如行云流水,洒脱自然,但嗜酒如命,结果他的三个儿子,不是白痴,就是呆子。这好像是不可思议的,其实这正是由于酒精的毒性作用。因为酒精可以改变生殖细胞中的脱氧核糖核酸上的碱基排列,引起基因突变,染色体异常,这些不正常的基因被遗传给了下一代,从而造成下一代的畸形。

5. 长期饮酒会使人的身体系统对酒精习以为常,使人在酒醉状态中显得似乎很正常。接着,他就可能会对酒产生依赖了。青少年很容易在饮酒的同时服食毒品,这是相当危险的事情。

青少年最初染上烟酒恶习,很多源于模仿成年人或影视作品中的某些形象边喝酒边吸烟,认为这是十分"酷"的表现。调查表明,青少年吸烟和饮酒行为互相作用,关系密切,吸烟者往往饮酒,而饮酒者大都吸烟。这种烟酒同吸同饮的后果极其严重,因为烟中的尼古丁能溶于酒精,使人体内的尼古丁含量更高,危害也更大,有这种习惯的人极容易患喉癌。

6. 青少年神经系统还较稚嫩,自制能力差,酒后易行为失控,容易产生某些心理疾病,如心理脆弱或者智力缺陷,经常饮酒者大约15%可发展为患各种精神病。青少年饮酒还可能诱发各种违纪违法行为甚至危及生命,如偷食禁果、与人争斗、擅自驾车等。

【知识链接】

一、吸烟有害健康,让我们来了解一下烟草中的有害成分及其危害。

吸烟者吸入香烟的过程,使香烟在不完全燃烧过程中发生一系列的热分解与热合成的化学反应,形成大量新的物质,其化学成分很复杂,从烟雾中分离出的有害成分达3000余种,其中主要有毒物质为尼古丁(烟碱)、烟焦油、一氧化碳、氢氰酸、氨及芳香化合物等一系列有毒物质。

1. 尼古丁:一种与海洛因、可卡因一样容易让人上瘾的化学物质。当你吸烟时,尼古丁只需10秒钟就可进入你的大脑,使你心跳加快,增加你患上心脏病的危险,同时使你在不吸烟时产生脱瘾症状。

2. 一氧化碳:汽车排出的有害气体中也含有一氧化碳,它可取代人体内15%由血红球负责输送的氧气,造成气喘、体力不足。一氧化碳也会损害血管内壁,导致动脉粥样硬化加重,脂肪沉积在血管壁上,加重血管阻塞,增加罹患心脏病的几率。

3. 焦油:用来铺马路的物质。焦油中含有很多致癌物质和其他化学物质,包括丙酮、DDT、砒霜、甲西醛、氨以及其他约4000种有害物质与致癌物质。

香烟中这些物质不但可引起咽喉炎、支气管炎,而且有致癌的作用。吸烟还可以促进动脉粥样硬化和溃疡等多种疾病的发生。

二、成人少量饮酒能促进血液循环,那么同学们知道饮酒的最佳量吗?

人体肝脏每天能代谢的酒精约为每千克体重1克。一个体重60千克的人每天允许摄入的酒精量应限制在60克以内。体重低于60千克者应相应减少酒精摄入量,最好掌握在45克左右。换算成各种成品酒应为:60度白酒50克、啤酒1千克、威士忌250毫升。红葡萄酒虽有益健康,但也不可过量饮用,以每天2~3小杯为佳。

【模拟训练】

假如你有烟瘾,有哪些方法可以让你成功戒烟呢?

1. 特意在一两天内超量吸烟(每天吸两包左右),使人体对香烟的味道产生反感,从而戒烟;或在患伤风感冒,没有吸烟欲望时戒烟。

2. 想象自己在吸烟,同时想象令人作呕的事情(比如你手中烟盒或香烟上有痰渍等)。

3. 将戒烟的原因写在纸上,经常阅读并尽量补充新内容。

4. 将想购买的物品写下来,按其价格计算可购买香烟的包数。逐日将用来购买香烟的钱储存在"聚宝盆"内。每过一个月,清点一次钱数。

5. 同朋友打赌,保证戒烟。当然这要用自己的烟钱作为赌注。

6. 不整条买烟。

7. 不随身带烟、火柴或打火机。

8. 每周换一种牌子的香烟,但新品牌香烟的焦油含量必须低于原品牌香烟的焦油含量。

9. 经常思考烟雾中的毒素可能对肺、肾和血管造成的危害。

10. 观察烟味对呼吸、衣服和室内陈设造成的影响。

11. 考虑一下你的行为对家庭其他成员造成的危害,他们正在呼吸被污染了的空气。

12. 问自己你的健康对你父母、亲朋是否重要。

【交流讨论】

1. 请你策划一堂"吸烟有害健康"的主题班会课。

2. 请你谈谈对"酒胆包天"的认识。

第二章　网络切勿沉迷

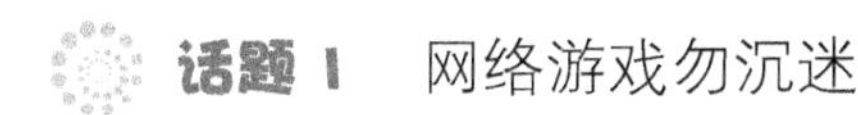

话题1　网络游戏勿沉迷

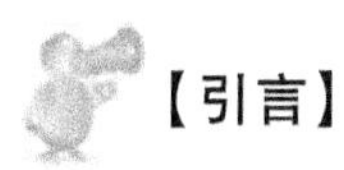

【引言】

网络的发展给我们的生活带来了便利,但对青少年的影响却有其消极的一面。不少青少年由于种种原因而沉迷于网络虚拟世界,被暴力游戏等不良网络内容吸引,过分沉迷于网络世界而成瘾。网瘾是指上网者由于长时间地和习惯性地沉浸在网络时空当中,对互联网产生强烈的依赖,以至于达到了痴迷的程度而难以自我解脱的行为状态和心理状态。网瘾会造成青少年人格不健全,不仅影响青少年正常的学习、生活、人际交往等,还有可能给社会带来巨大危害,使青少年走上违法犯罪道路。

据联盾护航360调查发现,中国城市青少年网民中有网瘾者约占13%,估计在3000万人以上。在非网瘾青少年中,1800万人以上有网瘾倾向。有近七成的网瘾青少年有轻度或中度网瘾。在青少年网瘾人群中,13—17岁的未成年人比例为14%,18—23岁的青少年有网瘾的比例最高。

【案例点评】

案例1: 技工学校学生李某,长期迷恋电脑游戏,上课渐感注意力不集中,从而导致成绩下降。游戏上瘾,夜不能寐,晚上从宿舍溜出到网吧上网,一直玩到天亮,早上上课昏昏欲睡。问他为什么违反校规出去通宵打游戏,他说:“有一关我没打过,睡不着,想想,我能过关的,所以就又去了。”

点评: 李某玩游戏成瘾,长时间沉溺于网络游戏,导致生活节律紊乱,一旦停止电脑游戏活动,便难以从事其他有意义的活动,情绪低落,思维迟缓,记忆力减退,出现难以摆脱的渴望玩游戏的冲动,形成精神依赖和相应的生理反应。这些行为特征与毒品成瘾行为特征有着许多相似之处。

案例2: 一名17岁的中学生从家里偷出300元钱,连续4天4夜在网吧玩游戏,网络游戏的激烈刺激、惊心动魄的打斗,使他血压升高,心跳加速,又加上过度疲劳,最后该学生猝死于网吧。

点评:该学生受网络的引诱而沉湎于其中,诱发网络心理障碍。网络心理障碍是指患者上网成瘾,无节制地花费大量时间和精力在互联网上持续进行聊天、玩网络游戏等活动,进而迷恋网络,离开网络就会产生各种病症,以致损害健康,造成人格障碍和神经系统失调。典型的表现是厌食、失眠、精神萎靡、冷漠、孤僻、丧失兴趣,严重者甚至有自杀念头和自杀行为。中学生常见的网络心理障碍主要有孤独抑郁、游戏成瘾、色情成瘾、网恋等。

案例3:2006年12月,江苏如东一名19岁的少年为了要钱上网,不惜用铁锤砸死把他一手抚养成人的奶奶,并在奶奶没有了呼吸之后若无其事地拿着钱去上网。

点评:网络暴力游戏往往设置为积分制,含有大量对抗情景和类似于现实的场景,长时间感受这种近似逼真的体验,使青少年习惯了打打杀杀的血腥场面,已经分不清虚拟网络世界和现实世界,把游戏与生活实际相混淆,从而使他们思想、情绪变化更剧烈,富于攻击性,暴力倾向更强。一旦他们在现实生活中体验到类似网络暴力的情感和环境,往往容易丧失理智,毫不犹豫地把在虚拟游戏中的行为运用于现实的人际冲突,导致悲剧发生,这正是该少年犯罪的一个重要的诱发因素。

【安全常识】

一、上述案例显示,三名学生都沉迷于网络游戏,有网瘾,让我们来认识一下有网瘾的征兆。

1. 每天上网超过8小时,且时间越来越长,无法自控,特别是晚上,常至深夜。

2. 行为反常,上网成瘾的青少年不仅会有视力下降、生物钟紊乱、神经衰弱等生理特征,甚至还会有逃学、废寝忘食、不与人交往、对人冷漠、暴躁、关闭电脑后急躁不安等行为或特征。

3. 经常在网上与陌生人聊天、通电话、约会等,电脑里常出现暴力、色情、赌博等图片,说谎隐瞒上网的情况。

4. 宁肯借钱或甘冒一定危险上网,如去偷钱或者盗用别人账号上网等。

5. 因担心电子邮件是否送达而睡不着觉;一到电脑前就废寝忘食,常上网发泄痛苦、焦虑等。

以上症状是上网综合征的初期表现。更有甚者,表现为上网时身体会颤抖,手指头经常出现不由自主敲打键盘的动作，再发展下去则会导致舌头与两颊僵硬甚至失去自制力，出现幻觉。

二、网瘾如毒品，危害无穷。同学们，你有网瘾吗？

1. 危害身心健康。

网络成瘾者因为对互联网过度依赖而花费大量时间上网。青少年正处于身体发育的关键阶段，沉迷于网络世界，长时间连续上网，新陈代谢、正常生物钟遭到了严重破坏，身体容易变得非常虚弱。还有研究表明，青少年长期沉溺于网络，不仅会影响大脑发育，还会导致神经紊乱、激素水平失衡、免疫功能衰竭，引发紧张性头疼，甚至导致死亡。同时，不良的上网环境也会损害青少年的身体健康，而网吧大多环境恶劣、空气浑浊、声音嘈杂，青少年在这种环境的网吧内上网，也容易被传染上疾病。网络成瘾对青少年健全心理的发展也是一个严峻的挑战。长期上网会引发青少年网络孤独症和忧郁症等心理疾病，使青少年过分关注人机对话，对外界刺激缺乏相应的情感反应，对亲友冷淡，对周围事物失去兴趣，严重时对一切都漠不关心，把与别人的交往当成一种可有可无的事情，变得越来越孤僻，造成青少年的个性缺陷。网络成瘾者一旦停止上网便会产生上网的强烈渴望，难以控制对上网的需要或冲动，这种冲动使其在从事别的活动，如工作、学习时，注意力不集中、不持久，造成青少年心理错位和行动失调。网恋和网络聊天会引发青少年的感情纠葛，导致各种情感问题，造成青少年心理的创伤。网络成瘾者过度沉溺于网络中的虚拟角色，容易迷失自我，将网络上的规则带到现实生活中，造成青少年自我认识的障碍。

2. 导致学习成绩下降。

青少年沉溺于互联网带来了大量教育上的问题。染上网瘾的青少年，原本属于读书和思考的时间被网络挤占了，导致的直接后果就是学习成绩下降。同时，国外也有研究表明，长期上网、沉迷于网络游戏的孩子，其智力会受到很大的影响，智商甚至下降到正常孩子的标准水平线以下，这也会间接影响孩子的学习成绩。在网上也有一些商家为了赚钱，建立一些帮写论文、写作业的网站，一些缺乏自律的青少年便从网上购买作业、论文敷衍老师，学习态度大打折扣，学习成绩可想而知。网络成瘾者沉迷于网络虚拟世界，对现实生活失去兴趣，对枯燥的学习更是失去兴趣，会出现厌学、逃学、辍学的情况，学习成绩一落千丈。据中国科学院心理研究所对上海地区 13 所大学的调查统计：2004 年上海大学 81 名学生一次性退学，都是网络游戏成瘾导致的学业成绩大幅度下滑所致。在 2000 年华东理工大学 237 名退学和留级生中，有 80% 以上是因为无节制地沉迷于电脑游戏而退学或留级。上海交通大学 205 名退学和转学生中，至少有 1/3 的学生也是因为无节制地玩电脑,导致成绩下降,不得不退学或转学。网络成瘾对学生的学习有很大的影响,目前已经成为学生退学的主要原因。

3. 弱化道德意识。

在网络世界,人们的性别、年龄、相貌、身份等都能借助网络虚拟技术得到充分隐匿,人们的交往没有责任也没有义务。人们不必面对面直接打交道,从而摆脱了熟人社会众多的道德约束。青少年在网络世界中,缺少了以教师、家长为核心的人际关系对他们行为的监督,他们在网上自由任性,缺少道德自律,容易在网络游戏、黄色网站中放纵自己的欲望。人性恶的一面也可能会因为没有道德的约束而得到充分宣泄,这就弱化了青少年的道德意识和社会责任感,有可能导致他们走向犯罪的道路。同时网络信息良莠不齐,其中不乏一些色情、暴力信息,涉世未深的青少年也容易受到不良的诱导,最终可能误入歧途。近年来,未成年人的暴力犯罪率和性犯罪率明显上升,这与网络游戏中大力宣扬暴力、色情有很大关系。更有一些青年,为了支付上网费而走上犯罪的道路。

4. 影响人际交往能力。

首先,网络成瘾者大多性格孤僻冷漠,容易与现实生活产生隔阂,导致自我更加封闭,进而不断地走向个人世界,从而拒绝与人交往。同时,网络成瘾者沉溺于完美的网络世界之中,沉醉于一种虚幻的满足感,他们从网络中得到了个人归属感,他们可以在网络世界充分张扬自己的个性,在虚拟的网络世界里,他们已经拥有了一切。而在现实世界中,一切都不是那么完美,朋友经常欺骗,爱人随时背叛,因此他们认为现实生活中的人际交往是一种可有可无的事情,从而不愿意与人交往,拒绝与人交往,拒绝融入社会,这是网络带给网瘾青年的一大问题。其次,沉溺于网络世界中,还造成了青少年与他人交往频率降低,他们迷恋人机对话模式,对着电脑屏幕行文如水、滔滔不绝,丢掉键盘、鼠标就变得沉默寡言,在现实生活中语言表达能力出现障碍,只有到了电脑前,手按着键盘,才能表达自己的想法,从而在现实生活中更难与别人更好地交流,更有甚者,还会得一种名叫“社交恐惧症”的心理疾病,表现为怕与人见面、谈话,见人就紧张,面红耳赤,颤抖,因此常独居屋内,避不见人。调查表明,56.3%的网络成瘾者人际关系较差。相比之下,46%的非成瘾者能将自己与同学、亲友的关系处理得很好。

5. 影响人生观、价值观。

在网络社会,一切都呈开放状态,体现着不同意识形态、价值观念的信息在网络上大行其道,网络内容丰富复杂、良莠不齐。网络文化虽然价值观多元化,但实际上西方文化仍占主导。在网络上有形形色色、丰富多彩的信息,其中黄色、暴力信息混杂其中。还有些人人为地在网上制造病毒,宣扬消极、颓废,甚至违法、犯罪的思想。鉴别力和判断力较弱的青少年网络成瘾者沉迷于网络之中,是首当其冲的受害者。青少年在互联网上接触的消极思想会使他们的价值观产生倾斜,影响青少年正确的人生观和价值观的形成。

三、同学们,我们该如何预防产生网瘾呢?

1. 遵守网络规则,保护自身安全。

在上网时,要遵守《全国青少年网络文明公约》,同时保护好自身安全,做到:① 保守自己的身份秘密;② 不随意回复信息;③ 收到垃圾邮件应立即删除;④ 谨慎与网上"遇见"的人见面;⑤ 如果在网上遇到故意伤害,应该寻求家长、老师或者自己信任的其他人的帮助;⑥ 不进行可能会对其他人的安全造成影响的活动。

2. 学会目标管理和时间管理,提高上网效率。

做到:① 不漫无目的地上网。② 上网前定好上网目标和要完成的任务;上网时围绕目标和任务浏览,不被中途出现的其他内容吸引;可暂时保存任务之外感兴趣的内容,待任务完成后再查看。③ 事先筛选上网目标,排出优先顺序。④ 根据要完成的任务情况,合理安排上网时间。⑤ 不要为了打发时间而上网。

3. 积极应对生活挫折,不到网络中逃避现实。

要认识到成长的过程不会一帆风顺,遇到困难和挫折要积极应对,向家长、老师和其他人请教解决办法,不到网络中逃避。

【知识链接】

一、我们常说上网打游戏,什么是网络游戏?

网络游戏的英文名称为"Online Game",又称"在线游戏",简称"网游"。指以互联网为传输媒介,以游戏运营商服务器和用户计算机为处理终端,以游戏客户端软件为信息交互窗口的旨在实现娱乐、休闲、交流和取得虚拟成就的具有可持续性的个体性多人在线游戏。

根据使用形式不同,目前网络游戏可以分为以下两种:

一是基于浏览器的游戏,也就是我们通常说到的网页游戏,又称"Web 游戏",它不用下载客户端,简称"页游"。是基于 Web 浏览器的网络在线多人互动游戏,无需下载客户端,只需打开网页,10 秒钟即可进入游戏,不存在机器配置不够的问题,最重要的是关闭或者切换极其方便,尤其适合上班族。

二是客户端游戏。这一种游戏是由公司所架设的服务器来提供的,而玩家们则是由公司所提供的客户端来连上公司服务器以进行游戏,而现在所谓的网络游戏大都属于此类型。此类游戏的特征是大多数玩家都会有一个专属于自己的角色（虚拟身份），而一切角色资料以及游戏资讯均记录在服务端。

二、同学们，让我们了解一下网瘾的判断标准。

1. 对上网有强烈的渴望或冲动，想方设法上网。

2. 经常想着与上网有关的事，回忆以前的上网经历，期待下次上网。

3. 多次对家人、亲友、老师、同学或专业人员撒谎，隐瞒上网的程度，包括上网的真实时间和费用。

4. 自己曾经做过努力，想控制、减少或停止上网，但没有成功。

5. 若几天不上网，就会出现烦躁不安、焦虑、易怒和厌烦等症状，上网可以减轻或避免这些症状。

6. 尽管知道上网有可能导致或加重原有的躯体或心理问题，但是仍然继续上网。

**【模拟训练】**

一、你有网瘾吗？自我测试一下，就知道了哦！

为了估计你的上网程度，用下面这个尺度表回答下列问题：

1 = 完全没有，2 = 很少，3 = 偶尔，4 = 经常，5 = 总是。

1. 你多少次发现你在网上逗留的时间比你原来打算的时间要长？

2. 你有多少次忽视了你的任务而把更多时间花在网上？

3. 你有多少次更喜欢因特网的刺激而不是与你父母之间的交流？

4. 你有多少次与你的网友形成新的朋友关系？

5. 你生活中的其他人有多少次向你抱怨你在网上所花的时间太长？

6. 你的学习成绩和学校作业质量有多少次因为你在网上多花了时间而受到影响？

7. 在你需要做其他事情之前，你有多少次去检查你的电子邮件？

8. 由于因特网的存在，你的工作表现或生产效率有多少次受到影响？

9. 当有人问你在网上干些什么时，你有多少次变得好为自己辩护或者变得遮遮掩掩？

10. 你有多少次用因特网的安慰性想象来排遣你生活中的烦恼？

11. 你有多少次发现你自己期待着再一次上网的时间？

12. 你有多少次担心没有了因特网，生活将会变得烦闷、空虚和无趣？

13. 如果有人在你上网时打扰你，你有多少次厉声说话、叫喊或者表示愤怒？

14. 你有多少次因为深夜上网而睡眠不足？

15. 你有多少次在不上网时为虚拟网络而出神，或者幻想自己在网上？

16. 当你在网上时,你有多少次发现你自己在说“就再玩几分钟”?

17. 你有多少次试图减少你花在网上的时间却失败了?

18. 你有多少次试图隐瞒你在网上所花的时间?

19. 你有多少次选择把更多的时间花在网上而不是和其他人一起外出?

20. 当不上网时,你感到沮丧、忧郁或者神经质,而一旦回到网上这些情绪就会无影无踪,是吗?

回答了上面的所有问题后,将每项回答中你所选择的数字相加从而得出最后的分数。分数越高,你的上瘾程度就越严重。这里有一个简单的尺度表来帮助你评判你的分数。

20 ~ 39 分:你是一个普通的网络使用者。你有时候可能会在网上花较长的时间,但你能控制你对网络的使用。

40 ~ 69 分:由于因特网存在,你正越来越频繁地遇到各种各样的问题。你应当认真考虑它对你生活的全部影响。

70 ~ 100 分:你的因特网使用正在给你的生活造成许多严重的问题。你需要现在就去解决它们。

二、假如你有网瘾倾向,如何戒除?

1. 上网时给自己定一个目标,就是本次上网完成什么任务,做什么事,了解什么主题,为了什么。在这个大目标之下,其他小的插曲,轻轻带过就行了。

2. 上网时间不能太长,以自己双肩双手不酸为极限。大概 1 ~ 2 小时最佳,特别是在夜间上网时间不宜过长。

3. 戒一切容易上瘾的网络活动,例如聊天、打网游、逛论坛。平时不要时时挂 QQ。

4. 能在现实中做的事情,尽量不要通过网络去做。例如,联络某人,打电话就行,不必上网聊天。

5. 把上网当成一个手段,不要当成一个休闲活动。上网是查资料的,上网是发邮件的,上网是下载东西的。

6. 心态上,上网时间随心而定。上网行,不上网也行,上不上网对生活完全没影响。

7. 意识中要认识到网络是虚拟的世界,网络上再大的事也只是虚无的,现实中再小的事也是实在的。

8. 平时要丰富业余生活,比如外出旅游、和朋友聊天、散步、参加一些体育锻炼等。

9. 要注意多吃一些胡萝卜、荠菜、芥菜、苦瓜、动物肝脏、豆芽、瘦肉等含丰富维生素和蛋白质的食物。

10. 一旦出现网瘾，不要紧张，要尽早到医院诊治，必要时可安排心理治疗。

【交流讨论】

1. 讨论如何正确使用互联网。
2. 如何处理网络游戏与学习的关系？

**话题 2** 网上交友要慎重

【引言】

网友，是一种特殊的朋友。与一般意义上的朋友的不同在于：是通过网络相识乃至相知的，现实中见面较少或根本没有见过面。

截至 2012 年 5 月，中国网民规模预计为 5.36 亿人，互联网普及率为 40%，目前使用最广泛的聊天软件腾讯 QQ 同时在线用户数突破 1.4 亿。

【案例点评】

案例 1：技校学生小芳听说网上可以聊天、交友，便加入“网虫”一族。一天，有个叫“骑士”的网友进入她的视线，不久，他们便成了无所不谈的网上朋友。“骑士”在网上告诉她，他是江西某冶金公司驻深圳的营销主管，涉世不深的小芳对此深信不疑。4 月 18 日是小芳 18 岁生日，“骑士”知道后决定给她庆贺生日。他们在深圳某酒店见面后，小芳被“骑士”潇洒的外表和阔绰的出手倾倒，之后，他们多次约会，并发生了关系。“骑士”信誓旦旦地说一定要在深圳买房子，等小芳毕业后就到他单位来工作，两人结婚。9 月小芳将自己省吃俭用节约的 2000 元现金一起交给了“骑士”，此后一个多月过去了，小芳给“骑士”打过无数个传呼，但一直没有回音。小芳到“骑士”的出租屋一打听，才知道“骑士”早已没了踪影，连房东都不知道他的去向。

点评：网恋受骗者多为少女，因为处于这个时期的女孩子对爱情最富有浪漫幻想，电视里、书本上种种有关美好爱情的描写都会使她们想入非非。加上现在的女孩大多是独生子女，在家本来就缺乏交流，青春期的闭锁心理使她们不愿和父母进行深入沟通，尤其是情感方面的问题，更不愿向父母表露真实想法，怕给父母留下"思想不纯洁"的印象。但是，社会文化的开放性使她们时常受到性文化的刺激，她们向往与异性交往，梦想"白马王子"会突然出现在自己的生活里。但是在现实世界中，父母的教诲、学校的纪律、周围的舆论，都使她们只能压抑自己的想法，在行为上表现出矜持、稳重的好女孩形象，而网络世界给了她们释放心灵的自由空间。也有一些中学生是因为现实中的种种不如意无处倾诉而上网宣泄，如学习竞争的压力、人际关系的烦恼、家庭纠纷等。一开始，有些女孩子上网聊天往往是为了寻找精神寄托，并非有目的地恋爱。但是，女性心理的脆弱和虚荣心，使她们对异性的恭维与追逐并不反感，甚至以此为荣。一些别有用心的人就会利用这一点，给失意者以安慰，给天真者以恭维。由于少女们理解力和判断力还比较差，总认为世界是美好的，前途是光明的，自己处在无比幸福之中，以梦幻代替现实，因此往往轻易上钩。

案例2：2009年8月，河南省确山县女中学生阿丽在网上认识了网友"孤独侠"，对方"很帅气、很阳光"，阿丽很快被吸引。几天后，他们见了面。"孤独侠"说，下次见面，阿丽可以带两个朋友来玩。两天后，阿丽带同学阿红、阿娟赴约。最终，3名女生被"孤独侠"一伙劫持。随后，阿红、阿丽、阿娟被胁逼到洛阳、周口、驻马店等地洗浴中心卖淫。

点评：喜欢在网上交友的青少年特别是年轻女学生必须认清，网络上的东西虚虚实实，真假难辨，在网络交友过程中要多留个心眼，以免"一失足成千古恨"。要树立正确的世界观和人生观，首先要培养辨别是非的能力和自制力，要在了解网络的好处的同时，明白网上潜藏的危害，提高对网络负面影响的免疫能力。

案例3：2010年11月3日晚上，磷铵社区居民赵某在网上进行QQ聊天时，一个要好的同学刚好在线，两人聊了一会儿，同学称其有急事，急需用钱。因为是十分要好的同学，赵某想都没有想，就从网上银行给对方汇了9000余元。汇过钱后，赵某联系同学后才发现被骗了。原来同学的QQ号被盗了。

点评：在网络上遇到朋友借钱时，应及时打电话给朋友核实清楚事实，不要盲目进行汇款，谨防被骗。同时提醒网民，要提高自我保护意识，养成良好的安全上网习惯。网上交流中要注意保护隐私，不要轻易泄露真实姓名、个人照片、身份证号码或家庭电话等任何能够识别身份的信息，尤其是银行账号、个人账户密码等敏感内容。

【安全常识】

一、前两个案例提醒我们网上交友要慎重，切莫上当受骗，一定要了解网上交友的注意事项。

1. 不要说出自己的真实姓名和地址、电话号码、学校名称、密友等信息。

2. 不与网友会面，如非见面不可，最好去人多的地方。

3. 对网上求爱者不予理睬。对说话粗俗的网友，不要反驳或回答，以沉默的方式对待。

4. 要谨慎交友，宁缺毋滥。网上交友不在多，贵在精。不要只求数量，不求质量，不分良莠、优劣。

5. 要提高警惕，防止上当受骗。害人之心不可有，防人之心不可无，不要轻易相信别人，不要轻易将自己的真实姓名、工作单位、手机号码、QQ 号密码告诉别人。

6. 要讲究文明，注意礼貌，不说粗话、脏话，不传淫秽图片。

7. 要讲团结，讲友谊，不在网友之间拨弄是非，制造矛盾。要尊重别人的隐私，不在他人面前泄露网友的个人隐私。

8. 要谦虚谨慎，戒骄戒躁，不自吹自擂、目中无人，更不能用恶语讽刺、挖苦他人，侮辱他人的人格。

二、从案例中可以看出，女同学在网上交友过程中更容易受到伤害，因此，最好不要见网友，如果一定要见网友也要带“5 个心”。

1. 带好安全“心”。网友见面时，要选择自己熟悉的地方。

2. 带好提防“心”。要选择人多的场所，如肯德基、麦当劳等餐厅。

3. 带好警惕“心”。见面时最好不要单独前往，应该邀要好的同学或者朋友一同前行。

4. 带好自信“心”。相信自己女性的直觉，不要太轻信网友，一旦有不寻常的信号出现，就要立即借机离开。

5. 带好自重“心”。女孩在见网友时，要洁身自爱，要学会自重，不要随意和对方发生性关系。

【知识链接】

一、生活中我们经常提到网友，那么网友是怎么界定的呢？

所谓的网友，就是指通过某一网络媒介物相识乃至相知的、见面较少或只能在某一特定地点才能见到的朋友。

二、很多同学在网上有自己的虚拟空间，包括游戏、社区、个人主页等，这些被称为“虚拟世界”。

目前在互联网上所表现出的虚拟世界是以计算机模拟环境为基础，以虚拟的人物化身为载体，用户在其中生活、交流的网络世界。虚拟世界的用户常常被称为“居民”。“居民”可以选择虚拟的3D模型作为自己的化身，以走、飞、乘坐交通工具等各种手段移动，通过文字、图像、声音、视频等各种媒介交流。我们称这样的网络环境为“虚拟世界”。尽管这个世界是虚拟的，因为它来源于计算机的创造和想象，但这个世界又是客观存在的，它在“居民”离开后依然存在，真实的人类虚幻地存在，时间与空间真实地交融，这是虚拟世界的最大特点。

【模拟训练】

某学生迷上了网上聊天交友，早上、中午、晚上一有空就上网找网友，如何帮助他走出误区？

1. 向其宣传网上交友的害处。占用学习时间，影响身体健康，花费大量金钱，常常会因为网上不良内容和坏的网友的影响而走上犯罪道路。整天沉溺于聊天交友的幻想中，脱离现实，而当真正面对社会和人群的时候，会产生退缩感，不敢正常与人沟通。

2. 帮助他转移兴趣爱好。平时要丰富业余生活，比如外出旅游、和朋友聊天、散步、参加一些体育锻炼等。积极参加学校组织的各项活动，阅读喜爱的书籍，适当加大作业量，减少上网时间。

3. 加强和父母、同学的沟通。通过父母的关爱和同学们的帮助，让其感受到亲情、友情，从虚拟的网络世界冲出，回到现实中来。

【交流讨论】

1. 谈谈网络交友的利弊。
2. 你相信网恋吗？
3. 为什么会有大量学生喜欢网上交友？

户外开心篇

Part 4

祖国的河山如此美丽，同学们经常会结伴到户外进行体育锻炼、郊游、野营或者游戏娱乐等，在同学们享受美好生活的同时，交通、饮食、活动中的不安全因素也增加了，由此带来了诸多安全隐患。我们在尽情享受户外活动的同时，该如何加强安全防范措施、避免不必要的损失？这是我们每位同学在出行时必须充分考虑的问题。

第一章　遵守交通规则

话题 1　道路并非舞台

【引言】

交通是社会活动的最重要的组成部分。快速发展的现代交通虽然为我们带来了方便、快捷和舒适,但同时也给我们带来了烦恼和忧愁。道路并非舞台,在走路时切不可以太随意,否则随时可能会给我们带来痛苦和不幸。

有关资料表明,我国每年因交通事故死亡人数约 10 万人,受伤人数约 30 万人,直接财产损失达 10 亿元。我国每天至少有 19 名 15 岁以下的儿童因交通意外而死亡。由此可见,掌握、遵守交通规则,注意交通安全,十分重要。

【案例点评】

案例 1:2007 年 10 月 23 日下午 1 时许,通州区郎府乡马场村学生郎某,在通州区通香公路杜柳棵路口迤东由北向南横穿道路时,被由西向东驶来的香河县淑胡镇庄子村村民张某驾驶的旅行车撞伤,郎某经医院抢救无效死亡。

点评:本案例中的郎某就是在通过没有交通信号灯和人行横道的路口时,没有停下观察并确认安全后再通过,而导致本次交通事故的发生,案例中郎某因横穿道路惨遇车祸实在令人痛心。我国《道路交通安全法》第 61 条规定"行人应当在人行道内行走,没有人行道的靠路边行走",第 62 条规定"行人通过路口或者横过道路,应当走人行横道或者过街设施……通过没有交通信号灯、人行横道的路口,或者在没有过街设施的路段横过道路,应当在确认安全后通过"。

案例 2:2006 年 10 月 1 日下午 2 时,17 岁的某县技校生李某和其 15 岁的弟弟无证骑乘一辆无牌五羊 125 型二轮摩托车行至该县某路段时与一辆大货车相撞,两人当场死亡。

点评:很多交通事故往往都发生在瞬间,该案例中车祸是因李某兄弟的安全意识淡薄,心理不成熟,无证驾驶摩托车而导致。有些同学看到同伴骑摩托车上学很潇洒、时尚,自己就跟风模仿,而家长对孩子又缺乏管教,甚至放任,促使其无证驾驶而造成安全隐患。我国相关法律规定:年满18岁、取得驾驶证方可在路上驾驶机动车辆,不满18岁的学生不准驾驶摩托车。

案例3: 2009年2月17日,广东某交警支队交警在樟木头镇赵林路口例行检查车辆,一中型客车司机在接受检查时躲躲闪闪。凭着职业敏感,交警觉得该司机肯定有问题,于是要求司机出示证件。司机打开窗户出示证件时,交警闻到一股酒气,当即要求司机下车接受酒精测试。经查,该中型客车为某学校接送学生的车辆,核载19人,实载38人,超载100%,且该司机属酒后驾驶,随即交警就对司机依法进行处理。

点评: 酒精会使人神经麻痹、反应迟钝,所以酒后驾驶非常容易造成交通事故。《道路交通安全法》对酒驾就有相关处罚规定,并且从2011年5月1日起,《中华人民共和国刑法修正案(八)》把醉酒驾驶列为危险驾驶罪,依法应当追究驾驶人刑事责任。另外,车辆超载不仅破坏公路设施,而且使车辆长期处于超负荷状态,导致车辆制动和操作等安全性能下降,容易引发交通事故。此案例告诫我们:不要乘坐超载车辆,不要酒后驾驶,还应劝阻身边的驾驶员不要酒后驾驶。

【安全常识】

一、案例1中,学生郎某横穿道路惨遇车祸身亡,给我们敲响了警钟。如果郎某在道路上行走时遵守交通规则,注意安全,此类事故就可能避免。我们在行走时要注意哪些安全事项呢?

1. 在道路上行走,要走人行道,没有人行道的要靠路边行走。

2. 当集体外出时,要有组织、有秩序地列队行走;结伴外出时,不要相互追逐、打闹、嬉戏;行走时要专心,注意周围情况,不要东张西望、边走边看书报或做其他事情。

3. 要遵守交通规则,服从交警的指挥,做到"绿灯行,红灯停"。在没有交警指挥的路段,要学会避让机动车辆,不能在车辆临近时突然猛拐横穿,不要与机动车辆争道抢行,不能在道路上扒车、追车,不能强行拦车或抛物击车。

4. 在雾天、雨天、雪天,最好穿着色彩鲜艳的衣服,以便于机动车司机尽早发现目标,提前采取安全措施。

5. 穿越马路,要走人行横道,按指示灯穿过马路;在有过街天桥或过街地道的路段,应自觉走过街天桥或地下通道。穿越马路时,要走直线,不可迂回穿行;在没有人行横道的路段,应先看左边,再看右边,在确认没有机动车通过时才可以穿越马路,不要翻越道路中央的安全护栏或隔离墩,不要突然横穿马路。特别是马路对面有熟人、朋友呼唤,或者自己要乘坐的公共汽车已经进站时,千万不能贸然行事,以免发生意外。

二、案例2、案例3也提醒我们,乘车也要注意安全,乘坐无证驾驶的摩托车、超载的车辆或酒后驾驶员驾驶的车辆,也就埋下了安全隐患。在乘车时要时刻牢记以下安全注意事项:

1. 乘坐公共汽(电)车,在候车时应依次排队,站在道路边或站台上等候,不应拥挤在车行道上,更不能站在道路中间。

2. 乘坐公共汽(电)车,上车时应等汽车靠站停稳,先让车上的乘客下完车,再按次序上车,不能争先恐后,不要把汽油、爆竹等易燃易爆的危险品带入车内,要主动给老人、病人、残疾人、孕妇或怀抱婴儿的乘客让座。

3. 在车辆行驶过程中,要在座位上坐好,乘坐小汽车还要系好安全带;乘坐公交车时要坐稳扶好,没有座位时,要将双脚自然分开,侧向站立,手应握紧扶手,以免车辆紧急刹车时摔倒受伤,还要注意不能将身体的任何部位伸出窗外,以免被来往车辆碰擦,也不能向车窗外乱扔杂物,以免伤及他人。

4. 下车时一定要等车辆停稳且确认车门外两侧无车辆经过,要依次而行,不要硬推硬挤;下车后不能在车前车尾急穿,要等车辆开走后再行走,如要穿越马路,一定要在确保安全的情况下才能穿行,随即要走上人行道。

5. 不乘坐超载车辆,不乘坐无载客许可证、营运证的车辆,不乘坐酒后驾驶员驾驶的车辆,同时要提醒酒后驾驶员不要开车。

三、案例2中李某无证驾驶摩托车导致重大交通事故,因此一定不能无证驾驶机动车辆,同时骑非机动车时也要注意安全。

1. 未满12周岁的儿童不能在道路上骑自行车、三轮车,不能在道路上学骑车;驾驶摩托车必须持有机动车辆管理部门(车管所)发放的驾驶证。

2. 骑自行车或电动车要遵守交通规则,要在非机车道内行驶,不准驶入机动车道。不能在车行道上停车或与机动车争道抢行,拐弯前须减速慢行,向后张望,伸手示意,不能突然拐弯。

3. 骑车时必须集中思想,不能用耳机听随身听,双手要把住龙头,不能双手离把,不能攀扶其他车辆或手中持物,不能撑伞骑车。

4. 结伴骑车时不能并行、互相追逐或曲折竞驶,不能骑车带人。

5. 要经常检查车子性能,如响铃、刹车等部件,如有问题应及时修理。

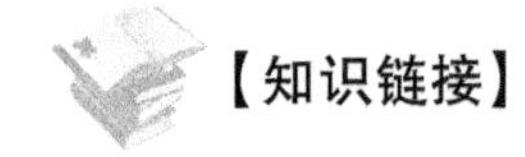

【知识链接】

一、你了解交通信号灯吗?

交通信号灯分为两种,一种是用于指挥车辆的红、黄、绿三色信号灯,设置在交叉路口显眼的地方,叫作车辆交通指挥灯;另一种是用于指挥行人横过马路的红、绿两色信号灯,设置在人行横道的两端,叫作人行横道灯。

1. 绿灯亮时,准许车辆、行人通行,但转弯的车辆不准妨碍直行的车辆和被放行的行人通行。

2. 黄灯亮时,不准车辆、行人通行,但已越过停止线的车辆和已进入人行横道的行人,可以继续通行。

3. 红灯亮时,不准车辆、行人通行。

4. 绿色箭头灯亮时,准许车辆按箭头所示方向通行。

5. 黄灯闪烁时,车辆、行人在确保安全的原则下可以通行。

二、你认识路面上的交通标记线吗?

当你走在马路上时,经常会见到一些白色或者黄色的线,你知道那是什么线,它代表什么含义吗?

这些线叫作道路交通标线,按其功能可分为纵向标线、横向标线和其他交通安全设施线。共 7 类 21 种,其中标线 17 种,其他交通安全设施线 4 种。下面介绍两类常见的标线。

1. 纵向标线。

指沿道路纵向的标线,主要有车行道中心线,它是用来分隔对向行驶的交通流的标线,一般设在车行道的中心线上,颜色为黄色或白色。车行道中心线分为:

中心虚线,它表示在保证安全的情况下,允许车辆在超车、向左转弯时越线行驶。

中心单实线,它表示不准车辆跨线超车或压线行驶。

中心双实线,无论白色还是黄色,都表示严格禁止车辆越线超车或压线行驶。

中心虚实线,它是一条实线与一条虚线平行的两条标线,表示实线的一侧禁止车辆越线超车或向左转弯,虚线的一侧准许车辆越线超车或向左转弯。

2. 横向标线。

指与道路行进方向垂直的标线,主要有:

停车线,它是表示车辆等候通告信号或停车让行的位置的标线,为白色。

人行横道线,表示准许行人横穿车行道的标线,为白色。

【模拟训练】

一、你和同学约好今天下午步行上街,你们怎么才能安全到达目的地呢?

1. 上街要走人行道,不要走车行道。

2. 横过街道和马路要走人行横道,不要斜穿或猛跑。

3. 过人行横道时,必须遵守信号灯的规定:绿灯亮时,准许通过;绿灯闪烁时,不准进入人行横道;红灯亮时,不准进入人行横道。同时注意:即使信号灯已经变成绿色,也应看清左右的车辆是否停稳,再穿越道路。

4. 在设有人行过街天桥或地道的地方,过街要走人行天桥或地道,不要横穿街道和公路。

5. 列队穿过车行道时,每横列不超过两人,队列须从人行横道迅速通过,没有人行横道的,须直行通过;长列队伍在必要时可以暂时中断通过,待车辆过去后,再继续通过。

二、当遇见有人发生交通事故时,你怎样快速应对?

1. 行人与机动车发生事故后应立即拨打报警电话110、122,并记下肇事车辆车牌号,等候交通警察前来处理。

2. 行人被机动车严重撞伤,应立即拨打电话120求助;同时检查伤者的受伤部位,采取初步的救护措施,如止血、包扎、固定等;如果伤者呼吸和心跳停止,应立即用心肺复苏法抢救。

3. 遇到撞人后逃逸者,应及时追赶并求助于周围群众。

【交流讨论】

1. 你对周围少数同学骑摩托车上学有什么看法?

2. 谈谈对“我也闯过红灯,但也没发生过什么事啊”这句话的看法。

话题2 交通事故急救

【引言】

交通事故一直是一个沉重的话题。据不完全统计,中国每5分钟就有1人因车祸而死亡,每分钟就有1人因车祸而伤残,因交通事故每天死亡280多人,每年死亡10万多人。对大量交通事故的调查表明,车祸死亡者中约40%是当场死亡,约60%是死于医院或送往医院途中,其中约有30%的受伤者是因得不到及时合理的抢救而死亡。据分析,及时报警并在事故现场实施及时、正确抢救这一项,就可使10%以上的受伤者得以生存。如果我们掌握交通事故的一些急救方法,一旦发生意外,我们不但可以实施自救,而且还可以互救,为抢救伤员的生命赢得了宝贵时间。

【案例点评】

案例1:2008年7月12日下午1时37分,宜昌市120指挥中心调度大厅接到110联动报警称,一辆荆州中型旅游客车在从宜昌市三游洞景区返回城区时,不幸在宜巴路螺祖庙段冲破黄柏河二桥栏杆,车辆及其20名乘客坠入黄柏河水域。120指挥中心接警后第一时间调派救护车赶赴现场实施紧急救援,事故发生后仅7分钟,市委、市政府组织了公安、海事、医疗卫生、安监等部门赶赴事故现场,抢救受伤人员,共救援伤员12人,现场8人失踪遇难。

点评:发生交通事故后及时报警,使120调度指挥中心第一时间掌握了事故现场的有效信息,实施正确而有效的抢救,使人员伤害损失降到最低。在本案例中,当班调度员接到呼救电话后,通过询问报警人(事故地点、主要病情、有效联系方式)了解到现场情况后,及时安排救护车及消防队赶赴现场救援。因救援及时,措施得力,人员伤亡减少到了最低,获救伤员得到了有效救治。

案例2:2009年12月1日7时40分左右,黑龙江省木兰县柳河镇哈肇公路118千米处发生了一起重大交通事故。一辆大货车在超车过程中,撞上了一辆同向行驶载有14名乘客的中巴客车,事故造成包括中巴车驾驶员在内的6人当场死亡,2名伤者在送往医院急救途中死亡,7名受伤乘客被紧急送往当地医院接受治疗,医院为这批患者开通了绿色通道,最大限度地挽救了伤者。

点评：交通事故一旦发生，抢救时间尤其可贵，一分钟就可能挽救许多条生命，可谓争分夺秒。事故发生后现场可能混乱，但是救护工作一定要有序进行，正确的急救方法必不可少。

【安全常识】

一、通过以上案例我们知道，交通事故发生后，采用以下方法应对，就有可能争分夺秒地挽救受伤者的生命。

1. 应急措施。

(1)迅速抢救，如迅速止血、进行人工呼吸等，可以由周围有医护知识或技能的人员来进行。

(2)维护秩序，如发现交通事故车辆逃跑，应立即记录车辆号牌、车型、颜色等，密切注意周围环境，防止其他危险再度发生，同时将受伤者从车内或行车道上转移至附近安全地点，临时安置伤员。

2. 立即报警（火警电话：119，交通肇事：122，急救电话：120，盗警电话：110），说清以下事项，便于救护人员及时赶到现场。

(1) 发生事故的地点。

(2) 是什么样的事故。如：车撞车、车撞物、翻车等。

(3) 有无其他连锁事故。如：起火、爆炸、建筑物倒塌等。

(4) 有多少人受伤。

(5) 报警人的姓名和联系方法。

二、成功的事故现场施救，一定是在正确的伤情判断的基础上采用正确的急救方法。下面让我们来学习一些常用的急救方法。

1. 抢救昏迷不醒者。

抬起受伤者下颌角，使呼吸道畅通无阻，这种措施在很多场合下对恢复呼吸起很大作用。如果受伤者仍不能呼吸，那就要进行口对口的人工呼吸。如果上述人工呼吸不能起作用，就要检查嘴和咽喉中是否有异物，并设法移除，继续进行人工呼吸。

2. 抢救失血者。

① 安置受伤者到安静的环境。② 自我输血：抬起受伤者的腿部，使其处于垂直状态，使休克停止。③ 检查受伤者的脉搏与呼吸。④ 语言安慰，观察受伤者的神色变化。⑤ 防止热损耗，若气温低应加盖衣物保暖。⑥ 呼救并将受伤者送往医院。

3. 抢救烧伤受伤者。

① 迅速扑灭受伤者衣服上的火。② 帮助受伤者脱下烧着的衣服。③ 全身燃烧时,可向其喷冷水。④ 用消过毒的绷带包扎烧伤口。⑤ 反复检查呼吸和脉搏。⑥ 防止热损耗,可饮盐水(1 杯水中放 1 匙食盐)。⑦ 不可使用粉剂、油剂、油膏或油等敷料覆盖烧伤处。⑧ 脸部烧伤时,不要用水冲洗,也不要用东西覆盖烧伤处。⑨ 安慰受伤者,防止受伤者休克。⑩ 及时送往医院治疗。

4. 抢救骨折受伤者。

对于交通事故中的骨折受伤者,如果抢救不及时,或者抢救、运送方法不正确,往往会加重其伤情,使其留下后遗症,甚至增加死亡率。

当发生交通事故有人员骨折时,首先要注意防止伤员休克,不要移动身体的骨折部位,如果脊柱可能受损,一般不要改变受伤者姿势。还要留意受伤者的损伤情况,如果有软组织创伤,应先进行清创处理;有出血情况时,要先压迫止血,包扎伤口。对具体骨折的部位,要小心包扎,并按发生后的状态保持部位静止,在没有包扎用品的情况下,可就地取材对骨折部位进行固定。比如上肢骨折可以用两块夹板(或木板)分别夹在上肢内外两侧,加上衬垫(棉花、衣、布)等后,用三角巾(或布条、绳子)在骨折处绑好固定,再用一条长三角巾(布)将上肢前臂屈曲悬吊固定于胸前。下肢骨折时,可以让受伤者仰卧,小腿骨折时,在骨折处放置长短相等的两块夹板(长度约为从脚跟到大腿中部的长度),加衬垫后,在骨折处上下两端、膝下和大腿中部分别用布带缠紧,在外侧打结,脚部用“8”字形绷带固定,使脚与小腿成直角;如为大腿骨折,可用一块自腋窝到脚跟长的夹板放在伤肢外侧,夹板加衬垫后,用布条分段固定伤肢,腋窝和大腿上部分别围绕胸、腹部固定。这样可以减轻伤者痛苦,便于搬送,同时可以不加重断骨对周围组织的损伤,利于伤肢功能的恢复。包扎固定后,要将受伤者轻轻放在担架(或木板)上,送往医院进行急救。

【知识链接】

一、交通事故中,快速止血非常重要,下面介绍一下止血的常用方法。

1. 一般止血法:针对小的创口出血,用生理盐水冲洗、消毒患部,然后覆盖多层消毒纱布,用绷带扎紧包扎。注意:如果患部有较多毛发,在处理时应剪、剃去毛发。

2. 指压止血法:只适用于头部、面部、颈部及四肢的动脉出血急救,注意压迫时间不能过长。

(1) 头顶部出血:在伤侧耳前,对准下颌耳屏上前方 1.5 厘米处,用拇指压迫颞浅动脉。

(2) 头颈部出血:四个手指并拢,对准颈部胸锁乳突肌中段内侧,将颈总动脉压向颈椎。注意不能同时压迫两侧颈总动脉,以免造成脑缺血坏死。压迫时间也不能太久,以免造成危险。

(3) 上臂出血:一手抬高患肢,另一手四个手指对准上臂中段内侧压迫肱动脉。

(4) 手掌出血:将患肢抬高,用两手拇指分别压迫手腕部的尺、桡动脉。

(5) 大腿出血:在腹股沟中下方,用双手拇指向后用力压股动脉。

(6) 足部出血:用两手拇指分别压迫足背动脉及内踝与跟腱之间的颈后动脉。

3. 屈肢加垫止血法:当前臂或小腿出血时,可在肘窝、膝窝内放纱布垫、棉花团或毛巾、衣服等物品,屈曲关节,用三角巾作“8”字形固定。但骨折或关节脱位者不能使用此方法。

4. 橡皮止血带止血:常用的止血带是三尺左右长的橡皮管。方法是:掌心向上,止血带一端由虎口拿住,一手拉紧,绕肢体 2 圈,中指、食指将止血带的末端夹住,顺着肢体用力拉,压住余头,以免滑脱。注意使用止血带要加垫,不要直接扎在皮肤上。每隔 45 分钟放松止血带 2 ~ 3 分钟,松时慢慢用指压法代替。

5. 绞紧止血法:把三角巾折成带形,打一个活结,取一根小棒穿在带子外侧绞紧,将绞紧后的小棒插在活结小圈内固定。

6. 填塞止血法:将消毒的纱布、棉垫、急救包填塞、压迫在创口内,外用绷带、三角巾包扎,松紧度以达到止血目的为宜。

二、当发生交通意外,有伤者呼吸困难甚至停止时,如何进行人工呼吸?

人工呼吸是指用人为的方法,运用肺内压与大气压之间的压力差,使呼吸骤停者获得被动式呼吸,获得氧气,排出二氧化碳,维持最基础的生命。人工呼吸的方法很多,有口对口吹气法、俯卧压背法、仰卧压胸法,但以口对口吹气式人工呼吸最为方便和有效,下面为同学们作简单介绍。

让伤者仰卧,为其松解衣服的衣领,清除伤者口鼻中的污泥、分泌物和假牙等,必要时将舌头拉出来以免舌根后坠阻塞呼吸道。使伤者头部后仰,使呼吸道伸展,救护人员将口紧贴伤者的口(最好隔一层纱布),一手捏紧伤者鼻孔以免漏气,救护人员深吸一口气,向伤者口内均匀吹气,然后救护人员嘴离开,将捏住的鼻孔放开,并用一手压其胸部,以帮助呼气。这样反复进行,每分钟进行 14 ~ 16 次,直到伤者自动呼吸恢复为止。如果伤者口腔有严重外伤或牙关紧闭,可对其鼻孔吹气(必须堵住口),即为口对鼻吹气。救护人员吹气力量的大小,依伤者的具体情况而定。一般以吹进气后,伤者的胸廓稍微隆起为最合适。

【模拟训练】

一、某天你乘车时发生了火灾,并且有人烧伤了,你该怎么办?

首先,要保持头脑冷静,控制情绪,切莫惊慌失措,乱喊乱跑。其次,立即打110报警,同时积极展开自救和互救。

先要让驾驶员立即熄火、切断油和电源,并且让乘客立即离开车体。若车门变形无法打开,可从前后挡风玻璃或车窗处脱身。当人身上已经着火时,应采取向水源处滚动的姿势,边滚动边脱去身上的衣服,同时注意保护好露在外面的皮肤和头发。不要张嘴深呼吸或高声呼喊,以免烟火灼伤上呼吸道。离开车体后,不要着急脱掉粘在烧伤皮肤上的衣服,大面积烧伤部位可用干净的被单或毛巾包扎,如有可能尽量多喝水或饮料。与此同时,没有受伤的人员要尽快利用灭火器、沙土、衣物或篷布,给车辆灭火,但切忌用水扑救。

如果有人烧伤,要迅速扑灭受伤者衣服上的火,帮助其脱下烧着的衣服。假如全身燃烧,可向其喷冷水,灭了火之后可以用消过毒的绷带包扎烧伤口;脸部烧伤时,不要用水冲洗,也不要用东西覆盖,观察烧伤者的呼吸和脉搏,对其用语言安慰,防止受伤者休克,最后把烧伤者送往医院。

二、假如在你乘车途中遭遇翻车事故,你该怎么办?

当汽车发生意外翻车时,应紧紧抓住扶手,两脚钩住座位下的踏板,使身体固定,随车体旋转。如果车辆侧翻在路沟里或山崖边上,应判断车辆是否还会继续往下翻滚。在不能判明的情况下,应维持车内秩序,让靠近悬崖外侧的人先下,从外到里依次离开,否则车辆产生重心偏离,会继续往下翻滚。如果车辆向深沟翻滚,所有人员应迅速趴到座椅上,抓住车内的固定物,使身体夹在座椅中,稳住身体,避免身体在车内滚动而受伤。翻车时,不可顺着翻车的方向跳出车外,防止跳车时被车体挤压,而应向车辆翻转的相反方向跳跃。若在车中感到将被抛出车外,应在被抛出车外的瞬间,猛蹬双腿,增加向外抛出的力量,以增大离开危险区的距离,落地时,应双手抱头顺势向有惯性的方向滚动或跑开一段距离,避免遭受二次损伤。

三、假如在你乘车途中车辆落水,你该怎么办?

当车辆落水时,要先深呼吸再开车门。汽车翻进河里,若水较浅,不能淹没全车,应待汽车稳定以后,再设法从安全的出处离开车辆。若水较深,先不要急于打开车门和车窗玻璃,因为这时车门是难以打开的,此时车厢内的氧气可供司机和乘客维持5～10分钟,应首先使儿童、老人和妇女的头部保持在水面上。若车厢内有空间,应迅速用力推开车门或玻璃,同时深吸一口气,及时浮出水面。如果岸边无人救护,掉到水里的人神志清醒,应尽量采用仰卧位,身体挺直,头部向后,这样可使口、鼻露出水面,继续呼吸。如果是公共汽车或载有儿童的车辆,可手牵着手或牵着衣服、牵着脚,形成人链,一起逃离汽车,逃出水面。

【交流讨论】

1. 如何抢救在交通事故中因流血过多而休克的受伤者?
2. 假如在山区的弯道上发生了交通事故,你该怎么办?

第二章　舌尖上的安全

 **话题1**　劣质食品吃不得

【引言】

2011年的年度词汇中,"食品安全"必占重要一席,近年来曝光的食品问题数量井喷式增长,新闻报道出来的食品安全事件数以百计。对"牛肉膏"添加剂、"健美猪"、"毒馒头"、塑化剂、膨大剂等,我们都不陌生了。根据食品安全新闻数据统计,2134篇关于食品安全问题的新闻报道中,关于添加剂的报道有1007篇,居于首位;而关于食品造假和卫生不达标的报道数量也居于前列。

常言道:病从口入。吃错东西会危害身体健康。如今一些学校周边的小商店都会出售一些这样的小食品,打开一包所谓的麻辣牛肉干,拿出一块放在口中咀嚼几下吐出来,一片殷红,连牙齿和舌头都被染红了;拆开一袋泡椒凤爪,放在外面连苍蝇都不叮,摆在那边几天都不坏;一瓶包装花花绿绿的塑料瓶装饮料,打开瓶盖,一股浓重的塑料味扑鼻而来……估计这样的小食品,一般人是不敢轻易品尝的。然而,许多诸如此类的劣质小食品却仍然被一些学生购买和食用,给我们学生的健康带来伤害。

【案例点评】

案例1: 调查发现,在北京市校园附近的小商店里大量摆放着各种廉价袋装小食品,像牛板筋、牛肉干、鹌鹑蛋、豆腐干、果味型饮料……每袋多为5毛钱或1元钱,而这些袋装小食品在正规商场、超市基本见不到。尽管有的小食品外包装上注明了生产厂家、生产日期、保质期及QS标志等,但大都印刷模糊、粗糙,相关厂家信息无法"对号入座",小食品的身份令人生疑。这些价格低廉的小食品是学校周围小商店和小摊贩们的拳头商品,而这些小食品绝大多数都是"三无"产品或假冒伪劣、过期变质的食品。

点评: 这些小食品之所以价格低廉,是因为它们是非正规的食品加工企业生

产的，其原材料低劣，生产环境差，毫无质量保证，食用后肯定会对健康造成伤害。有研究资料显示，受过污染或乱用添加剂的食物，是少年儿童患肠胃疾病甚至是血液病的重要诱因之一，给少年儿童的健康成长造成了极大威胁。

案例2：2012年4月，浙江省杭州市曝光了有毒蜜饯食品，蜜饯中的添加剂超标3倍多，过量食用将会致癌。央视二台《消费主张》记者调查显示：甜蜜素为白色结晶或结晶性粉末、无臭、味甜，研究表明甜蜜素在生物体内可转化为毒性强的环己基氨，有致癌性。二氧化硫被用作漂白剂、防腐剂、抗氧化剂，二氧化硫可与血液中的硫胺素结合，长期食用可致脑、肝、脾等退化。苋菜红为红棕色至暗红色粉末或颗粒，它在胃肠道内还原为亚胺类致癌物。柠檬黄为橙黄色粉末或颗粒，其主要问题是致敏性，可引起过敏症状，如风疹、哮喘和血管水肿等。

点评：根据此案例，联想到同学们经常在街边小摊或者商店里看到的话梅、果脯等蜜饯食品，在购买时有没有注意一下它里面的添加剂成分？食用前有没有想一想这些添加剂对身体健康的影响？所以提醒同学们在食用零食时，一定要看零食的包装上的信息，如有没有厂址、保质期有没有过、有没有相关部门的许可证、是否含有过多添加剂等。

【安全常识】

一、假冒劣质食品吃不得，让我们先来了解一下什么是假冒伪劣食品。

假冒食品是指使用不真实的厂名、厂址、商标、产品名称、产品标志等从而使客户、消费者误以为该产品就是正宗的产品。伪劣食品是指质量低劣或者失去使用性能的食品。

一般来说，制造假冒伪劣食品的最终目的是用少量成本牟取更多的非法利润。为求达到这一目的，不法分子使用各种手段争取消费者的信任。尽管假冒伪劣的情况十分复杂，但是我们也可以通过分析总结其规律性特点：

1. 以低值成分代替高值成分：如用豆浆掺牛奶，用脱脂奶粉代替全脂奶粉，用玉米须假冒发菜，用“三精水”冒充果汁，这样可以降低生产成本，赚取巨额差价。

2. 增强食品的感官性质，掩盖食品的劣点，使消费者误认为是质量好的食品，使消费者产生购买欲。如在白酒中加入敌敌畏造成饮用者的酩酊感，使消费者误认为是好酒；在火锅底料中加入罂粟壳，使人吃后成瘾，以此招来回头客。

3. 增加食品的重量以变相地提高商品的价格，如木耳用盐水浸泡、发菜中掺入泥沙、牛奶加水等。

4. 非法延长食品保存期，使营养价值已经降低甚至丧失的食品重新被利用，将生产者的损失转嫁到消费者的身上。如在肉制品中加入非食品添加剂硼酸盐防腐;在已变质的牛奶中加入中和剂,以降低牛奶的酸质;在老牛身上注射纤维软化剂,使屠宰后的老牛肉像小牛肉一样嫩滑。

5. 盗用名优产品的牌子,利用人们喜欢购买名牌的心理推销劣质食品。

二、假冒伪劣食品对人体造成的危害有哪些?

1. 不合格的膨化食品、腌制和油炸食品卫生指标中的菌落数、大肠菌群、过氧化值指标超标,还能产生亚硝胺、铅等致癌物质,食用后会导致胃肠不适、腹泻并损害肝脏。

2. 果冻、糖精、饮料、巧克力、方便面、罐头食品和泡泡糖等不宜多吃,这类小食品中大多加入了防腐剂、色素、甜味剂等添加剂,这些添加剂带有一定的负效应,甚至含有微量毒素,食用过量会对中枢神经系统造成危害。

3. 不合格果脯、蜜饯中甜蜜素超标,不合格烤鱼片、牛肉干等食品中大肠菌群和菌落总数超标。

4. "三无"食品:可能是过期食品、含有色素和防腐剂的食品,甚至是地下工厂生产的食品。食用了这一类食品,吃过后轻则腹痛,重则呕吐、腹泻,甚至食物中毒。情况更为严重的可致人死亡。

三、我们要加强自我保护意识,提高识别过期食品、假冒伪劣食品的能力,避免经济遭受损失和身体受到伤害。

1. 过期食品的辨别方法。

(1) 观察食品的外包装。

观察食品的外包装是否陈旧,包装上是否有较重的灰尘。若外包装陈旧或有较多的灰尘,则该食品就有过期的嫌疑。

观察食品的外包装上是否印制有清晰的食品生产日期、保质期或者有效使用期限。没有的话则不宜购买和食用。

计算食品是否在保质期内。若购买日期减去生产日期小于保质期,则食品未过期,可以食用;反之,则不能食用。

(2) 感官识别。

感官识别就是科学运用自己的眼、鼻、手、口等器官,通过"一看"、"二闻"、"三触摸"、"四品尝"的方法,对食品进行感官鉴定,再与新鲜食品及原料作比较,从而辨别食品是否过期。

一看,就是观察食品的本身特征,观察食品的颜色是否正常,形态是否稳定,表面是否霉变;二闻,就是利用自己的嗅觉,闻食品是否有酸味、臭味和其他一些异味;三触摸,就是用自己的手摸,根据食品的弹性、韧性、紧密程度、黏性的变化,来确定食品的新鲜程度；四品尝，就是尝食品的滋味，看食品有无酸味、苦涩味和其他与食品本身滋味无关的味道。

2．假冒伪劣食品的辨别方法。

（1）观察食品的外包装。

观察食品的包装是否存在破损、漏气和胀袋等现象，有则不能食用；观察食品的包装上是否标有厂名、厂址，厂名和厂址是否一致，没有或不一致则不能食用；观察食品包装上是否印制有生产日期、保质期或者有效使用期限，没有则不能食用。

（2）观察食品标志。

我国批准销售的食品，均有质量安全标志，即 QS 标志。因此，观察食品有无 QS 标志，并且看 QS 标志是否清晰，是辨别食品是否为假冒伪劣商品的一项重要指标。

3．购买食品时的注意事项。

（1）购买食品时，应选择规范的食品专营店及有信誉的超市和商店；

（2）慎买促销、全新上市的食品和流动性较大的地摊食品；

（3）坚决不抱侥幸心理购买、食用假冒伪劣食品和过期的食品。

如果购买后发现所购食品为过期食品、假冒伪劣食品，可以凭购物发票要求商家退货。当发现假冒伪劣商品或者合法消费权益受到侵害时，应向当地工商行政管理局举报。

【知识链接】

在菜市场买菜时常用的伪劣食品的识别方法：

1．辨别注水肉。

注水肉在市场上经常出现，令人防不胜防，要想区别也比较容易。正常瘦肉外表呈风干状，颜色略微发乌，注水后的瘦肉像洗过一样，看上去水淋淋的，略发亮。注水肉粘刀，不注水的肉不易粘刀。

有一个简单的区分办法：用干净的餐巾纸贴在瘦肉表面，稍压片刻，待纸略湿后揭下来。贴在正常猪肉上的纸只是略湿，能基本完整地揭下来，并且可以点燃。若是注水猪肉，餐巾纸吸水过多，不容易揭下来，成为湿碎纸片。

2．识别“加料”面粉。

很多人以为面粉越白越好，殊不知特别白的面粉往往使用了工业染料“吊白块”，对人体有害。

从色泽上看，未增白面粉和面制品为乳白色或微黄本色，使用增白剂的面粉及其制品呈雪白色或惨白色。从气味上辨别，未增白面粉有一股面粉固有的清香气味，而使用增白剂的面粉淡而无味，甚至带有少许化学药品味。

使用增白剂过多的面粉蒸出的面食异常白亮，但会失去面食特有的香味。掺有滑石粉的面粉，和面时面团松懈、软塌，难以成形，食后胀肚。

3. 识别掺假食用油。

一般高品质食用油颜色浅，透明度好，无沉淀和悬浮物；低品质食用油颜色深（香油除外）。

另外，还要看食用油有没有分层现象，若有分层现象则可能是掺假的混杂油。将油加热到150摄氏度倒出，如果是优质食用油应无沉淀。

4. 识别硫黄熏过的银耳。

从色泽上看，正常的银耳是很自然的淡黄色，如果颜色很白就要小心了。

从形状上看，好的银耳气味应该是自然芳香，如果能闻到刺激的气味，建议不要购买。

银耳本身无味，选购时可取少许试尝，如感觉有刺激感或辣味，很可能就是用硫黄熏蒸过的。

5. 识别上了红色素的辣椒粉。

有的商贩将红色素液体喷洒在劣质的辣椒粉上，拌匀。这种辣椒粉看起来鲜红诱人，可吃起来却无辣味，用来制红油，制成后的红油色淡不红，这种辣椒粉还极易发霉。鉴别的方法是：取少许辣椒粉放水中，有红色素析出，即上了红色素，如无色素析出，则未上红色素。因为人工食用色素是水溶性色素，它只溶于水而不溶于油，所以放水中会有红色素析出，用于制红油，制成的红油却不红。而辣椒中的红色素属脂溶性色素，它只溶于油而不溶于水，所以它泡在水中没有红色素析出，若浸于油中，红色素便可溶解，使油变红。尤其是浸在热油中，辣椒中的红色素则能很快地溶解析出。

6. 识别甲醛溶液浸泡的水产品。

为了使水发产品有更好的卖相，一些摊贩会用甲醛溶液（福尔马林）浸泡虾仁等水发产品。食用这些水发货，会损害肝、肾，甚至诱发癌症。

浸泡之后的虾仁蛋白质凝固，因而整个虾仁变得坚韧、富有弹性，不易破碎，嗅之有淡淡的药水味，而且虾仁表面晶莹透亮，食之脆如海蜇，缺少海鲜特有的美味。此外，还有福尔马林浸泡的蹄筋等食品，为了安全起见，在不了解底细的情况下，水发食品应尽量少吃。

7. 识别化肥豆芽。

用化肥或除草剂催发的豆芽生长快，长得好，而且须根很少。但它无清香脆嫩的口感，残存的化肥等物质在微生物的作用下可生成亚硝酸氨，有诱发食道癌和胃癌的危险，尤其是有些除草剂含有致癌、致畸变的物质。在选购豆芽时，先要闻闻有无氨味，再看看有无须根，如果发现有氨味或无须根，不要购买和食用。

【模拟训练】

在商店或者超市购买食品时，你如何鉴别假冒伪劣食品？

食品的种类五花八门，伪劣食品更是千奇百怪，鉴别伪劣商品的方法和途径也就千差万别，既然伪劣商品是“伪”和“劣”的东西，必然会暴露出伪和劣的本质，只要我们在购买商品时提高警惕，细心观察，就可以发现其伪劣的一面。以下是一些鉴别的途径和方法。

1. 从包装及包装装潢上鉴别。

名优商品包装比较科学合理，包装材料讲究。而且名优食品的包装绝大多数是采用机械化包装，包装质量好，粘贴口和接口整齐、准确。伪劣商品一般包装简单粗糙，所用包装材料质量差，代用品多；包装多是手工操作，因此包装质量差，包装不平整，接口和粘贴口不整齐，常见松脱现象。

装潢印刷方面，名优商品印刷精美，套印精确，光泽度好；而伪劣商品包装粗制滥造，套色不准，图案中的几种颜色有移位现象，颜色暗淡、深浅不一、图案模糊。有些冒牌商品是采用收购来的旧包装物包装，可见污迹和折痕。

2. 从商标上鉴别。

商标是商品的特定标记，商标是商品的生产或经营者用以说明自己所生产或经营的商品与他人生产或经营的同一种商品有所区别的标记。同一个生产经营者生产的商品可以根据需要使用不同的商标，有些是出口商品用一个商标，国内销售的商品用另一个商标。但是一个商标只能属于一个生产经营者，他人不得冒用。商标是经法定手续向商标管理部门申请并核准注册的，商标注册人受到法律的保护。经注册的商标，在包装物上标记有“注册商标”字样。由此可见，有注册商标的商品质量可信度高。

假冒商品的商标存在图案模糊不清、套色不准的问题。有些假冒商品的商标与真商标虽然极其相似，但总有一些细微差别，只要认真比较就可看出破绽。

3. 注意有无防伪标识。

不少厂家已经增强了防假冒的意识，纷纷采取许多防伪措施，如加印条形码、贴上激光标签和使用变色封口纸等。条形码是印刷在包装物上粗细不一的黑色条纹。计算机可以识别。变色封口纸可随温度变化而变换颜色。激光图案则可以在不同角度光线的照射下幻化出绚丽多彩的图案。这些防伪标志在一般条件下难以模仿,需要花费大量金钱,对以牟取暴利为目的的非法经营者来说是不合算的。还有一些厂家不断变换自己的产品包装,同时将更改的包装知会有关监督机构,使模仿者难以模仿;或在包装物的粘接口内做上标记,拆开包装便可以看到标记。

4. 利用食品标签鉴别。

制造伪劣食品的经营者一般都不愿公开自己的厂名、厂址,不熟悉《食品通用标准》,因此不少伪劣产品是匿名产品或标签不齐全的产品。许多名优产品的厂家已经根据《食品标签通用标准》的要求标明批号、生产日期、保存期限等;而许多伪劣食品包装上没有打上"三期",尤其是生产日期。所以消费者应该购买食品标签完备,有批号、生产日期和保存期限的食品。

5. 感官鉴别。

感官鉴别就是对食品进行色、香、味、形等多个方面的检查。检查食品是否有异常的现象,不仅要注意不良的异常现象,还要注意"好"得出奇的现象。

一是观察颜色。看食品是否有异常的颜色,如果叉烧有鲜艳的红色则可能是加入了色素,生姜看起来很白净,可能是经过了硫黄熏制。

二是嗅其气味。优质食品有其固有的香味。如全脂牛乳粉比脱脂牛乳粉香味浓,如果是变质牛奶就有酸臭味。

三是尝其滋味。和气味一样,每种食品都有其独特的风味,稍微品尝便可辨其真假。如用豆制品冒充肉类食品,品尝一下就可鉴别出来。

四是观察食品的组织形态,以发现食品的异常情况。如掺了盐的木耳表面有一些白色晶体,不新鲜的猪肉弹性不足等。

【交流讨论】

1. 我们还有哪些识别伪劣食品的小窍门?

2. 有些食品,我们明明知道它是劣质食品,为什么我们还是争先恐后地去购买呢?

话题2 食物中毒急救法

【引言】

卫生部曾通报:2012年第一季度共收到全国食物中毒类突发公共卫生事件报告17起,中毒438人,其中死亡12人。据了解,3月份报告的食物中毒事件中毒人数最多,占总报告中毒人数的47%。按食物中毒原因分类,有毒动植物引起的食物中毒事件的报告起数和中毒人数最多,分别占总报告起数和总中毒人数的35.3%和41.8%;化学性食物中毒事件的死亡人数最多,占总死亡人数的41.7%。第一季度,报告的学生食物中毒事件均发生在学校食堂,与2011年同期相比,学生食物中毒事件的报告起数增加3起,中毒人数增加159人,死亡人数增加1人。

食物中毒通常是进食被细菌及毒素污染的食物,或摄食含有毒素的动植物如毒蕈、河豚等引起的急性中毒性疾病。食物中毒的潜伏期短,可集体发病。表现为起病急骤,伴有腹痛、腹泻、呕吐等急性肠胃炎症状,常有畏寒、发热等症状,严重吐泻可引起脱水、酸中毒和休克等。抢救食物中毒病人,时间是最宝贵的。

【案例点评】

案例1: 2001年10月10日,思茅区某镇村小学发生一起食用变质米干导致53人发生中毒的事件。经调查,学校食堂所供应的米干是10月9日下午2时左右从米干厂购买的,然后放置于班车行李架上托运,班车几经停留,直至9日晚上才送到学校食堂,食堂工作人员收到米干后,在室内常温下放置,到10月10日供应早点时,距米干出厂已经17个小时,炊事员在抓米干时发现有馊味,米干已明显变质,但未引起注意,只将米干在开水里烫了一下就加入肉汤、佐料供学生食用,最终导致了食物中毒事故。

点评: 此起中毒事件,主要是因为炊事人员为了节约几斤米干,没有将已经变质的米干倒掉,仍然加工给学生食用。米干变质,产生蜡样芽孢杆菌,导致食用的学生蜡样芽孢杆菌中毒。

案例2: 2008年9月14日,普洱市某技工学校发生一起食物中毒事件,经查明,这是一起食用凉拌皮蛋而导致的细菌性食物中毒事件,共有25名学生发病,中毒学生均食用过学校食堂加工销售的凉拌皮蛋,中毒学生经医院及时救治后均痊愈,无死亡。

点评:皮蛋,又叫松花蛋,其外壳上含有很多细菌,污染皮蛋的细菌主要是沙门氏菌,如在选购、制作过程中不小心,就很容易引起中毒。因此,学校食堂、集体食堂、大型活动、宴请禁止供应皮蛋。该学校食堂管理人员、厨师违反规定加工皮蛋供学生食用,最终导致了学生食物中毒。

案例3:2012年7月25日和7月26日两天,汉中市接连发生多起食用野生蘑菇中毒事件。共17人中毒,其中包括3名未成年的孩子,17人中有3人不治身亡。这些中毒患者,他们分别来自镇巴县、南郑县和勉县,其中镇巴县盐场镇刘家河村的周某一家人,7月19日吃了从山上采的野蘑菇后出现不适感,随后全家被送到县医院救治,周某一家共四口人,救治后周某本人的状况稳定,而他的妻子和两个孩子都不治身亡了。

点评:自然界有一些带毒的蘑菇,也有一些野生蘑菇因为环境变化出现变异,会由无毒变成有毒,因此最好不要随意食用野生蘑菇,蘑菇中毒程度和食用的数量也有关系。

**【安全常识】**

一、以上三个案例都是食物中毒事件,那么,如何判断食物中毒?

1. 凡是吃了被细菌(如沙门氏菌、葡萄球菌、大肠杆菌、肉毒杆菌等)和它的毒素污染的食物,或是进食了含有毒性的化学物质的食品,或是本身含有自然毒素的食物(如河豚、毒蘑菇、发芽的土豆等),而引起的急性中毒性疾病,都叫食物中毒。食物中毒多发生在气温较高的夏秋季,可见个别发病,也可见集体中毒(如发生在食堂里及宴会上)。

2. 食物中毒者最常见的症状是剧烈呕吐、腹泻,同时伴有中上腹部疼痛。食物中毒者常会因上吐下泻而出现脱水症状,如口干、眼窝下陷、皮肤弹性消失、肢体冰凉、脉搏细弱、血压降低等,最后可致休克。故必须给患者补充水分,有条件的可输入生理盐水。症状轻者让其卧床休息。如果仅有胃部不适,多饮温开水或稀释的盐水,然后用手伸进咽部催吐。如果发觉中毒者有休克症状(如手足发凉、面色发青、血压下降等),就应使其立即平卧,双下肢尽量抬高,并速请医生进行治疗。

3. 吃有毒河豚者,食后2~3小时便会感觉舌头或手足麻木。早些催吐,效果较好,应急送医院抢救。如耽误4小时以上便会因呼吸麻痹而死亡。毒蘑菇中毒除了有胃肠道症状外,还可见痉挛、流口水、出现幻觉、手发抖等症状。急救时先催吐,然后再送医院。

4. 如果是集体中毒,救护工作要有条理,首先应立即停止食用可疑食物,同时,立即拨打120呼救,还应迅速通知卫生检疫部门检疫。最好能保留吃剩下的食物,以利于诊断、治疗或检疫。

二、食物中毒危及生命,那么我们如何加强预防食物中毒呢?

1. 不吃不新鲜或者腐败变质的食品,不吃被卫生部门禁止上市的海产品。不在无证摊贩处购买食品,不购买无商标或无出厂日期、无生产单位、无保质期限等的不符合规范的罐头食品以及其他包装食品。

2. 不自行采摘蘑菇、鲜黄花或不认识的植物食用。买回来的蔬菜要在清水里浸泡半小时或更长时间,并多换几次水,要洗得干净,以防农药对身体的危害。

3. 不吃发芽的土豆,发芽、青绿色或未成熟的土豆着色部分含龙葵素,会引起中毒。豆类一定要炒熟后再食用,四季豆含有皂素等有毒物质,如果吃了未熟或凉拌的四季豆,半小时到几小时之内就可发生中毒。慎食有毒鱼类,如河豚,河豚的肝、肠、卵巢内含有大量的河豚毒素,可引起呼吸肌麻痹,甚至导致死亡。

4. 生熟食品要分开,工具(刀、砧板、揩布等)也要做到生食或熟食专用,餐具要及时洗擦干净,有消毒条件的要经常消毒。亚硝酸盐中毒时,通常会出现胸闷憋气、口唇发干等症状。腌制食品(如腌肉、泡菜)中亚硝酸盐含量较高,不宜一次大量食用或经常食用。变质蔬菜含较多亚硝酸盐,更不宜食用。

5. 家中不宜放农药等毒品。至少要使有毒物品远离厨房和食品柜。

6. 服药要遵医嘱,要按说明书服用。服药前要仔细辨认,还要注意有关药物的禁忌事项。

三、一旦有人出现上吐下泻、腹痛等食物中毒症状,千万不要惊慌失措,应冷静地分析发病的原因,针对引起中毒的食物以及吃下去的时间长短,及时采取如下应急措施。

1. 催吐。如食物吃下去的时间在1~2小时内,可采取催吐的方法。立即取食盐20克,加开水200毫升,冷却后一次喝下。如不吐,可多喝几次,迅速促进呕吐。亦可用鲜生姜100克,捣碎取汁,用200毫升温水冲服。如果吃下去的是变质的荤食,则可服用“十滴水”来促进迅速呕吐。还可用筷子、手指或鹅毛等刺激咽喉,引发呕吐。在中毒者意识不清时,需由他人帮助催吐,并及时送医院治疗。

2. 导泻。如果患者吃下去中毒的食物时间超过2小时,且精神尚好,则可服用些泻药,促使中毒食物尽快排出体外。一般用大黄30克,一次煎服。老年患者可选用元明粉20克,用开水冲服即可缓泻。老年体质较好者,也可采用番泻叶15克,一次煎服,或用开水冲服,亦能达到导泻的目的。

3．解毒。如果是吃了变质的鱼、虾、蟹等引起的食物中毒，可取食醋100毫升，加水200毫升，稀释后一次服下。此外，还可采用紫苏30克、生甘草10克一次煎服。若是误食了变质的饮料或防腐剂，最好的急救方法是用鲜牛奶或其他含蛋白质的饮料灌服。

如果经上述急救，病人的症状未见好转，或中毒较重者，应尽快送医院治疗。在治疗过程中，要给病人以良好的护理，尽量使其安静，避免精神紧张。病人应注意休息，防止受凉，同时补充足量的淡盐开水。控制食物中毒的关键在于预防，搞好饮食卫生，防止“病从口入”。

【知识链接】

食物中毒一般可分为细菌性（如大肠杆菌）食物中毒、化学性（如农药）食物中毒、动植物性（如河豚、扁豆）食物中毒和真菌性（毒蘑菇）食物中毒。食物中毒既有个人中毒，也有群体中毒。

1．细菌性食物中毒。

细菌性食物中毒是指人们摄入含有细菌或细菌毒素的食品而引起的食物中毒。引起食物中毒的原因有很多，其中最主要、最常见的原因就是食物被细菌污染。

细菌性食物中毒的特征主要有：

（1）通常有明显的季节性，多发生于气候炎热的季节，一般以5—10月份最多。一方面由于较高的气温为细菌繁殖创造了有利条件；另一方面，这一时期内人体防御能力有所降低，易感性增强，因而常发生细菌性食物中毒。

（2）引起细菌性食物中毒的食品，主要是动物性食品，如肉、鱼、奶和蛋类等；少数是植物性食品，如余饭、糯米凉糕、面类发酵食品等。

（3）抵抗力弱的人，如病人、老人和儿童易发生细菌性食物中毒，发病率较高，急性胃肠炎症状较严重，但此类食物中毒病死率较低，预后良好。

中国近五年食物中毒统计资料表明，细菌性食物中毒占食物中毒总数的50%左右，而动物性食品是引起细菌性食物中毒的主要食品，其中肉类及熟肉制品居首位，其次是变质禽肉、病死畜肉以及鱼、奶等。

食物被细菌污染主要有以下几个原因：

（1）禽畜在宰杀前就是病禽、病畜；

（2）刀具、砧板等用具不洁，生熟交叉感染；

（3）卫生状况差，蚊蝇滋生；

（4）食品从业人员带菌污染食物。

并不是人吃了细菌污染的食物就马上会发生食物中毒，细菌污染了食物并在食物上大量繁殖达到可致病的数量或繁殖产生致病的毒素，人吃了这种食物才会发生食物中毒。因此，发生食物中毒的另一主要原因就是贮存方式不当或在较高温度下存放较长时间。食品中的水分及营养条件使致病菌大量繁殖，如果食前彻底加热，杀死病原菌的话，也不会发生食物中毒。因此，食物中毒的一个重要原因为食前未充分加热，未充分煮熟。

细菌性食物中毒的发生与不同区域人群的饮食习惯有密切关系。美国多食肉、蛋和糕点，葡萄球菌食物中毒最多；日本喜食生鱼片，副溶血性弧菌食物中毒最多；中国食用畜禽肉、禽蛋类较多，多年来一直是沙门氏菌食物中毒居首位。细菌性食物中毒的始作俑者有沙门氏菌、葡萄球菌、大肠杆菌、肉毒杆菌、肝炎病毒等。这些细菌、病毒可直接生长在食物当中，也可经过食品操作人员的手或容器，污染其他食物。人们食用这些被污染过的食物后，有害菌所产生的毒素就可引起中毒。每至夏天，各种微生物生长繁殖旺盛，食品中的细菌数量较多，加速了其腐败变质，加之人们贪凉，常食用未经充分加热的食物，所以夏季是细菌性食物中毒的高发季节。

2. 化学性食物中毒。

化学性食物中毒主要指一些有毒的金属、非金属及其化合物、农药和亚硝酸盐等化学物质污染食物而引起的食物中毒。引起化学性食物中毒的原因，主要是误食有毒化学物质或食入被化学物质污染的食物。

化学性食物中毒的特征主要有：

（1）发病快。潜伏期较短，多在数分钟至数小时，少数也有超过一天的。

（2）中毒程度严重，病程比细菌性毒素中毒长，发病率和死亡率较高。

（3）季节性和地区性特征均不明显，中毒食品无特异性，多为误食或食入被化学物质污染的食品引起的，其偶然性较大。

化学性食物中毒的原因主要包括：① 误食被有毒的化学物质污染的食品；② 食用添加非食品级的或伪造的甚至禁止使用的添加剂、营养强化剂的食品，以及超量使用食品添加剂的食品；③ 食用贮藏不当等原因造成的营养素发生化学变化的食品，如油脂酸败造成中毒。

3. 动植物性食物中毒。

因食用动物或者植物引起的食物中毒即为动植物性食物中毒。

动物性中毒食品主要有两种：① 天然含有有毒成分的动物或动物的某一部分；② 在一定条件下产生了大量的有毒成分的可食的动物性食品，如食用鲐鱼等可引起中毒。近年,中国发生的动物性食物中毒主要是河豚中毒,其次是鱼胆中毒。

植物性食物中毒主要有三种:① 将天然含有有毒成分的植物或其加工制品当作食品,如桐油、大麻油等引起的食物中毒;② 将未能破坏或除去有毒成分的植物当作食品食用,如木薯、苦杏仁等;③ 在一定条件下,不当食用含大量有毒成分的植物性食品,如食用鲜黄花菜、发芽土豆、未腌制好的咸菜或未烧熟的扁豆等造成中毒。一般因误食有毒植物或有毒的植物种子,或烹调加工方法不当,没有把植物中的有毒物质去掉而引起。最常见的植物性食物中毒为菜豆中毒、毒蘑菇中毒、木薯中毒;可引起死亡的有毒蘑菇中毒、马铃薯中毒、曼陀罗中毒、银杏中毒、苦杏仁中毒、桐油中毒等。植物性中毒多数没有特效疗法,对一些能引起死亡的严重中毒,尽早排除毒物对中毒者的预后非常重要。

4. 真菌性食物中毒。

真菌在谷物或其他食品中生长繁殖,产生有毒的代谢产物,人和动物食入这种毒性物质发生的中毒,称为真菌性食物中毒。被真菌污染的食品,用一般的烹调方法加热处理不能破坏食品中的真菌毒素。真菌生长繁殖及产生毒素需要一定的温度和湿度,因此中毒往往有比较明显的季节性和地区性特点。

【模拟训练】

一日三餐是每个人每天都必不可少的,但是如果不注意饮食卫生,很容易就会出现食物中毒的现象。生活中有几种食物中毒现象是经常发生的,要是出现以下这几种情况你该怎么办?

1. 蘑菇中毒。

一旦误食蘑菇中毒,要立即催吐、洗胃、导泻。对中毒不久而无明显呕吐症状者,可先用手指、筷子等刺激其舌根部催吐,然后用 1∶2000 至 1∶5000 高锰酸钾溶液或浓茶水或者 0.5% 药用炭混悬液等反复洗胃。让中毒者大量饮用温开水或稀盐水,以减少毒素的吸收。

2. 扁豆中毒。

扁豆中含有皂素等有害物,如果吃了加热不透的扁豆,半小时到几小时之内就可发生中毒,表现为恶心呕吐、白细胞增高。如果食用急火炒或凉拌的扁豆容易发生中毒现象,中毒轻者经过休息可自行恢复,用甘草、绿豆适量煎汤当茶饮,有一定的解毒作用。

3. 发芽土豆中毒。

发芽土豆中毒表现为咽喉部及口腔有烧灼感和瘙痒感,并有恶心、呕吐、腹痛、头昏痛等现象。中毒较轻者,可多饮淡盐水、绿豆汤、甘草汤解毒;中毒较重者,应立即用手指、筷子等刺激舌根部催吐,然后用浓茶水洗胃,反复多次,尽量将胃中尚未吸收的毒素排出,适当饮用一些食醋也可解毒;中毒者昏迷时,旁人也可用手按掐人中、涌泉穴急救,同时应立即送中毒者到附近医院救治。

4. 细菌性中毒。

食物在制作、储运、出售过程中处理不当会被细菌污染。吃这样的食物会导致细菌性食物中毒。催吐后如胃内食物已吐完仍恶心、呕吐不止,可用生姜汁1匙加糖冲服,以止呕吐,或者吃生大蒜4~5瓣,每天生吃2~3次。几天内尽量少吃油腻食物。

【交流讨论】

1. 常见的引起中毒的食物有哪些?
2. 日常生活中我们如何预防食物中毒?

第三章　玩乐也会生悲

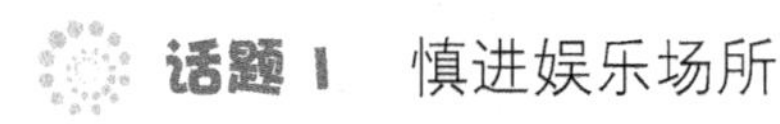

话题 1　慎进娱乐场所

【引言】

近年来，各种各样的娱乐场所，如歌厅、酒吧、夜总会、网吧迅猛发展，这些场所也成了广大青少年娱乐消遣的地方，然而个别场所在管理方面还存在着一些问题，其中，社会治安问题愈来愈突出，导致青少年违法犯罪案件数量呈上升势头。据某地区法院统计，青少年在歌厅、酒吧、夜总会、网吧引发的各种犯罪案件数量占刑事案件的3%以上。

学生花的是父母的钱，不应乱开支，更不该进入消费高的娱乐场所，而且大部分的娱乐场所都是专为成年人而开设的，如酒吧、舞厅等，如果学生经常出入这种地方，容易染上坏习惯，甚至危及生命。比如，不少学生沉迷于网络游戏不能自拔，部分学生还逃课去上网，有的学生体质虚弱加上玩游戏时过度紧张，最后猝死于网吧，这样的事屡见不鲜，这些都值得我们反省。

【案例点评】

案例1：娱乐场所确实发生了很多伤害事件，甚至可以说是犯罪事件的多发地。媒体曾经报道：扬州警方整治娱乐场所抓获90余名犯罪嫌疑人；南宁清查163家娱乐场所，重拳打击毒品犯罪；蚌埠未成年人犯罪呈三大趋势，娱乐场所为高发地。

点评：发生在娱乐场所的案件不胜枚举，涉世不深的学生应该远离这些娱乐场所。有少数学生进入这些娱乐场所无非是想放松一下，秀一下自己的歌喉，却不知道这里历来是鱼龙混杂的地方，这里从来不乏挥金如土的新贵和无事生非的亡命徒。稍不注意就会惹麻烦上身，或者引发一些人身安全事故，更有甚者误入歧途，走上违法犯罪的道路。

案例2：2004年3月31日，重庆市沙坪坝区某镇中学3名高一学生逃学后，在一家“黑网吧”内通宵玩游戏40多个小时，其中一人连续沉迷于电脑游戏3个通宵，之后三人极度困乏，离开网吧后竟然躺在铁轨上睡着了，其中两名学生被火车碾死。另外一人被火车惊醒而死里逃生，逃生后他对记者说：“如果不是在网吧玩昏了头，我的同学一定会被火车惊醒，他们绝不会死的！”

点评：该案例中，未成年学生进入网吧玩游戏后疲劳昏睡在铁轨上，最终造成被火车碾压的惨剧。网吧、电脑游戏对未成年人的危害不亚于毒品，非常容易使未成年人上瘾，最终造成不良后果。

案例3：每到夜晚，某大学大三女生小周都会一改白天清纯的打扮，穿着稍显性感的衣服匆匆走出寝室，直到深夜才姗姗而归。对这种现象，同寝室的同学已经见怪不怪了：“她在一个酒吧当服务员。”据知情者介绍，确实有不少学生在附近的酒吧、KTV里打工挣钱，他们利用晚上在这些娱乐场所做服务生，在自己玩乐的同时赚钱。

点评：有些学生因学习过于轻松、想减轻家庭的负担或者追求奢华生活等原因去娱乐场所打工，虽然能挣到钱，但是风险也很大，甚至可能会误入歧途，学生应该避免去这样的娱乐场所打工。

【安全常识】

一、作为学生，我们首先要清醒认识娱乐场所的功能及消费群体。

公共娱乐场所是人们休闲、进行娱乐消费活动的场所。改革开放前，我国的经济相当落后，营业性的公共娱乐场所基本没有，人们的业余活动也非常单一，只能看看电影、听听戏曲。随着国内经济的日益发展，人们的生活水平也得到了很大提高，物质生活得到改善的同时，人们开始追求精神上的享受，娱乐行业应运而生，也因此欣欣向荣起来。消费者在一个娱乐场所内甚至可以享受到多种服务，如一些有条件的餐饮场所内就增设了卡拉OK、歌舞表演等娱乐项目，还有集娱乐、餐饮、购物、健身、桑拿于一体的综合性娱乐场所。这些场所虽然丰富了人们的日常生活，但也给社会治安带来了很大的压力和负面影响。像KTV、网吧这类营业场所当中社会人员复杂，因学生自制力较差等因素，从娱乐角度、安全角度来看都不适合学生进入。

根据相关规定，营业性歌舞厅等不适宜未成年人活动的场所不得接纳未成年人，并应设置明显的禁入标志。电子游戏机、游艺机经营场所，除国家法定节假日外，不得向未成年人开放。2006年2月22日颁布的《娱乐场所管理条例》第23条规定：“歌舞娱乐场所不得接纳未成年人。除国家法定节假日外，游艺娱乐场所设置的电子游戏机不得向未成年人提供。”本条例是对娱乐场所消费对象的限定。从保护未成年人身心健康的目的出发，要求娱乐场所经营单位在经营期间有义务阻止未成年人进入歌舞娱乐场所或其他娱乐场所。

另外，教育部、财政部于2007年下发的《中等职业学校学生实习管理办法》规定：“组织安排学生实习，要严格遵守国家有关法律法规，为学生实习提供必要的实习条件和安全健康的实习劳动环境。不得安排一年级学生到企业等单位顶岗实习；不得安排学生从事高空、井下、放射性、高毒、易燃易爆、国家规定的第四级体力劳动强度以及其他具有安全隐患的实习劳动；不得安排学生到酒吧、夜总会、歌厅、洗浴中心等营业性娱乐场所实习。”

学生进入娱乐场所主要有以下原因：① 寻找刺激；② 适合学生的电视节目太少；③ 缺少图书馆、科技馆、电影院等公共文化场所；④ 学生的从众心理和社会风气的影响；⑤ 有关部门打击力度不大，忽视了未成年人出入娱乐场所的现象；⑥ 部分经营者利欲熏心。

二、学生的心理、生理尚未完全成熟，娱乐场所对学生的价值观和人生观极易产生一些消极影响，往往会误导学生产生一些违反社会公德和法律规范的错误行为。

1. 经常出入歌舞厅对学生听力的影响。

噪声对人类的危害最直接的是听力损害。对听觉的影响，是以人耳暴露在噪声环境前后的听觉灵敏度来衡量的，这种变化称为听力损失。例如，当你从较安静的环境进入较强烈的噪声环境中时，立即感到刺耳难受，甚至出现头痛和不舒服的感觉，停一段时间，离开这里后，仍感觉耳鸣，马上做听力测试，发现听力在某一频率下降约20分贝阈移，听阈提高了20分贝。由于噪声作用的时间不长，只要移到安静的地方休息一段时间，再进行测试，该频率的听阈即减少到零，这说明这一噪声对听力只有20分贝暂时性阈移的影响。这种现象叫作暂时听阈偏移，亦称作听觉疲劳。听觉疲劳时，听觉器官并未受到器质性损害。如果人们长期在强烈的噪声环境中工作，日积月累，内耳器官不断受噪声刺激，恢复不到之前的听阈，便可发生器质性病变，成为永久性听阈偏移，这就是噪声性耳聋。

2. 经常上网对学习的影响。

在现代通讯发达的时代，网络在人们的生活中扮演着越来越重要的角色。随着电脑的普及，越来越多的人学会了上网，特别是赶潮流、好奇心强的学生更是踊跃。网络有如此大的吸引力，就在于它传输消息既高速又高保真，并且不受国界和区域的限制。大多数的学生利用网络来学习、打游戏、聊天、发电子邮件，有小部分学生利用这个先进的网络做一些不应当做的事，如浏览不良网页、在网上偷取他人资料、在网上传播盗版碟片等，危害社会。眼睛近视、浪费时间和金钱、影响睡眠、伤害身体、无心学习，这是上网对学生的最直接的影响。

3. 进入娱乐场所，可能导致违法犯罪。

中学生正处在青少年时期，他们是一个特殊的社会群体，涉世不深，缺少社会经验和明辨是非的能力，自制力和稳定性都较差。不良的社会现象对他们心灵的冲击、腐蚀，是他们走上违法犯罪道路的主要社会根源。

心理和生理尚未完全成熟、可塑性极强的中学生在这些不良文化的长期作用下心理畸变，理想被严重扭曲，纯洁心灵遭受毒害，价值取向陷入不能自拔的误区，超前消费和追求感官刺激的欲望日渐增加。当他们的欲望因受种种条件的制约而无法满足，又不能用理智去调整时，满足低级的生理需求和物质需要便会成为其追求的先期目标，从而无视社会公德和法律规范，铤而走险，进行违法犯罪活动。

三、学生不进娱乐场所，也可以采用其他的方式娱乐，从而让我们的身心更健康。

每个年龄阶段和阶层的人都有适合自己的娱乐方式，学生也不例外。我们学生要加强自身的修养，自觉抵制不良因素的影响。我们学生可以用听音乐、看书、看新闻、打球运动等方式娱乐。当看到踢足球的、打羽毛球的、打篮球的、跑步的学生时，我们想到了健康、积极、向上、青春、活力——这些特质本该属于我们学生。当我们看到有人进出娱乐场所时，会想到浑浑噩噩、吸毒、颓废和罪恶。一个经常光顾娱乐场所的人离堕落已经很近了。社会是一个开放的舞台，我们学生可以参加很多的实践活动，比如当志愿者、做义工、兼职打工、进修课程、旅行等，这些既能锻炼才智又有利于身心的活动我们学生应当积极参加。

【知识链接】

所谓的娱乐场所一般是指以营利为目的，并向公众开放，供消费者自娱自乐的歌舞、游艺等场所。娱乐场所，一类是以人际交谊为主的歌厅、舞厅、卡拉OK厅、夜总会等；另一类是依靠游艺器械经营的场所，如电子游戏厅、游艺厅等。而学生经常进出的娱乐场所一般有网吧、游戏厅、歌厅、舞厅、卡拉OK厅等。

【模拟训练】

通过分组问卷调查的形式来了解周围同学进出娱乐场所的范围、频率以及时间等大体情况。

一、问卷中设置的问题。

1. 你进出娱乐场所的频率是(　　)

A. 几乎没去过　B. 很少去　C. 偶尔去　D. 经常去

2. 你去过的娱乐场有(　　)(多选)

A. 卡拉 OK 厅　B. 酒吧　C. 网吧　D. 台球厅

E. 其他

3. 你经常去的娱乐场所是(　　)

A. 卡拉 OK 厅　B. 酒吧　C. 网吧　D. 台球厅

4. 你一般进出娱乐场所的时间是(　　)

A. 周末　B. 上学期间　C. 假期　D. 其他时间

二、将调查结果进行整理。

1. 你进出娱乐场所的情况的调查结果:

A. 几乎没去过的所占比例为________%。

B. 很少去的所占比例为________%。

C. 偶尔去的所占比例为________%。

D. 经常去的所占比例为________%。

从调查的数据中得出结论:________________。

2. 你去过的娱乐场有哪些的调查结果:

A. 卡拉 OK 厅所占比例为________%。

B. 酒吧所占比例为________%。

C. 网吧所占比例为________%。

D. 台球厅所占比例为________%。

E. 其他所占比例为________%。

从调查的数据中得出结论:____________________。

3. 你经常去的娱乐场所的调查结果:

A. 卡拉 OK 厅所占比例为________%。

B. 酒吧所占比例为________%。

C. 网吧所占比例为________%。

D. 台球厅所占比例为________%。

从调查的数据中得出结论:____________________。

4. 你进出娱乐场所的时间调查结果:

A. 周末所占比例为________%。

B. 上学期间所占比例为________%。

C. 假期所占比例为________%。

D. 其他时间所占比例为________%。

从调查的数据中得出结论:____________________。

三、根据上述调查,分析周围同学进出娱乐场所的情况,并说明这种现象到底是好是坏,对同学们的身心发展又有怎样的影响。

【交流讨论】

1. 你如何说服自己和同学不进入娱乐场所?
2. 你会选择什么样的正当方式来娱乐?

话题 2 户外活动要当心

【引言】

每逢假期,同学们都会想到户外郊游、放风筝、游泳、滑冰等,通过这些户外活动来调节身心、愉悦心情、亲近大自然。然而,户外活动虽然有趣,但是也潜藏着危险。

近年来,随着户外活动的增多,发生的安全事故也逐渐增多。据不完全统计,2011 年我国发生户外安全事故 88 起,几乎每周都发生户外安全事故,在这类事故中死亡或失踪人数达 67 人,受伤人数达数百人。那么,我们在户外活动中需要注意哪些安全问题呢?

【案例点评】

案例 1:2012 年 6 月 9 日,山东省莱芜市莱城区杨庄中学 7 名初三学生结伴在莱芜汇河下游游泳时溺水身亡;湖南省邵阳市隆回县桃洪镇文昌村 5 名小学生在桃洪镇竹塘村向家山塘游泳时溺水身亡;黑龙江省哈尔滨市呼兰区方台镇 7 名学生在松花江边游玩时,4 人溺水身亡。

点评: 学生溺水死亡事故,多发生在周末、节假日或放学后,多发生在农村地区,多发生在无人看管的江河、池塘等野外水域,多发生在学生自行结伴游玩的过程中,多发生在小学生和初中生中,男生居多。如果学校和家长加强教育和监管,加上我们学生主动预防,完全可以避免或减少此类悲剧。

案例2: 2006年夏季某天,中山市南头镇停电,该镇一处万伏高压线被烧毁,现场发出多次巨响。中山市组织了50多名供电抢修人员经过8小时抢修后才恢复了供电。令人目瞪口呆的是,导致该起事故的罪魁祸首竟然是一只小小的风筝,原来是几个南头镇的孩子放了暑假,在高压线附近的空地上放风筝,结果引发了事故。

点评: 放风筝原本是一项很好的户外娱乐活动。然而,在电力线路附近放风筝,一旦失控,很容易将风筝线缠绕在电力线上,酿成大祸。每年我国因放风筝引发的电网事故和人身触电伤亡事故不胜枚举,这不但给国家财产造成不必要的损失,而且还给家庭带来不幸和伤痛。高压线等电力设备与导电物体距离太近时会产生放电现象,制作风筝的材料有些是导电材料,如果空气潮湿,风筝线也会导电。一旦导电的风筝或风筝线与高压电线接触或距离高压线很近,高压线通过风筝或风筝线将高电压传到人身上,会对人身造成危害。

案例3: 2012年3月29日上午,某学院学生小黄和小黎到梅江区泮坑风景区攀登海拔980多米的高观音山,下午下山时为走捷径而迷了路,走进了被当地山民称为“无人谷”的一片偏僻深山老林。下午6时,天渐渐黑了,精疲力竭地在山中转了一天的黄、黎两位同学只好用手机向梅州110求救。很快,3支由民警、镇村干部、山民、守林员等共120多人组成的搜救队伍从三个不同方向走进高观音山山脉进行搜索。直至次日凌晨6时许,搜救人员才在深山中找到了饥寒交迫、十分虚弱的小黄和小黎。

点评: 青年人爱冒险,喜欢爬山探险,但是缺少经验,发生安全事故的几率也就更加高了。本案例中的学生因缺乏野外生存常识,缺乏对气象、地形的了解,不知道如何规避危险,不了解救助知识,一旦出现意外事故,无法自己施救。

【安全常识】

一、同学们到户外郊游、野营、游戏、体育锻炼,活动的空间更广阔,接触的事物更加复杂多样,存在的危险因素也增加了。户外活动应当注意的安全问题有哪些呢?

1. 在游乐场活动应注意哪些安全问题?

近些年来,游乐场发展较为迅速,大大小小的游乐场较多。同学们去游乐场活动应注意下列安全事项：

（1）最好有家长或老师带领，活动时要遵守游乐场的安全规定。

（2）要选择经国家检测合格，比较安全、正规的游乐场。

（3）参加每一项活动，都要严格按规定采取保险措施，例如系好安全带、锁好防护栏等，不要开玩笑或冒险做出一些危险的举动。

（4）当患病或身体不适时，不要勉强参加活动。

（5）参加球类活动时，要学会保护自己，不要在争抢中蛮干而伤及他人。在这些争抢激烈的运动中，自觉遵守竞赛规则对于安全是很重要的。

（6）最好不要在夜晚游戏，天黑视线不好，人的反应能力也下降了，容易发生危险。

2. 登山活动应注意哪些安全问题？

登山对人的身心健康大有好处，但也潜伏着一定的危险。为了保证安全，应该做到：

（1）登山时有老师或家长带领，要集体行动。

（2）登山的地点应该慎重选择。要向附近居民了解清楚当地的地理环境和天气变化的情况，选择一条安全的登山路线，并做好标记，防止迷路。

（3）备好运动鞋、绳索、干粮和水。在夏季，一定要带足水，因为登山会出汗，如果不补充足够的水分，容易虚脱、中暑。

（4）最好随身携带急救药品，如云南白药、止血绷带等，以便在发生摔伤、碰伤、扭伤时派上用场。

（5）登山时间最好放在早晨或上午，午后应该下山返回驻地。不要擅自改变登山路线和时间。

（6）背包不要手提，要背在双肩，以便于双手抓攀。还可以用结实的长棍作手杖，帮助攀登。

（7）千万不要在危险的崖边照相，以防发生意外。

3. 游泳时应注意哪些安全问题？

游泳是一项十分有益的活动，同时也存在着危险。要保证安全，应该注意下列安全问题：

（1）游泳需要经过体格检查。患有心脏病、高血压、肺结核、中耳炎、皮肤病、严重沙眼以及其他传染病的人不宜游泳。

（2）要慎重选择游泳场所，尽量不要到江河湖海去游泳。

（3）下水前要做准备活动。可以跑跑步、做做操，活动开身体，还应用少量冷水冲洗一下躯干和四肢，这样可以使身体尽快适应水温，避免出现头晕、心慌、抽筋现象。

(4) 饱食或者饥饿时,剧烈运动和繁重劳动以后,不要游泳。

(5) 水下情况不明时,不要跳水。

(6) 发现有人溺水,不要贸然下水营救,应大声呼唤成年人前来相助。

(7) 游泳要有成年人陪同。

4. 滑冰应注意哪些安全问题?

滑冰融健身与娱乐为一体,是一项深受同学们喜爱的活动。滑冰时应注意下列安全问题:

(1) 要选择安全的场地,最好选择在室内溜冰场进行。在我国北方,如果在自然结冰的湖泊、江河、水塘上滑冰,应选择冰冻结实,没有冰窟窿、裂纹或者裂缝的冰面,要尽量在距离岸边较近的地方滑冰。初冬和初春时节,冰面尚未冻实或已经开始融化,千万不要去滑冰,以免冰面断裂而发生事故。

(2) 初学滑冰者,不可性急莽撞,学习应循序渐进,特别要注意保持身体重心平衡,避免向后摔倒而摔坏腰椎和后脑。在滑冰的人很多时,要注意力集中,避免相撞。

(3) 结冰的季节,天气十分寒冷,滑冰时要戴好帽子、手套,注意保暖,防止感冒和身体暴露在外的部位发生冻伤。

(4) 滑冰的时间不可过长,在寒冷的环境里活动,身体的热量损失较大。在休息时,应穿好防寒外衣,同时解开冰鞋鞋带,活动脚部,使血液流通,这样能够防止生冻疮。

5. 放风筝应注意哪些安全问题?

春天,放学后或节假日,许多同学喜欢到户外去放风筝。放风筝时应该注意下列安全问题:

(1) 不要在公路或铁路两侧放风筝。公路上来往车辆多,情况复杂,铁路上也常有火车通过。许多同学为了把风筝放起来,只顾向前奔跑,还有的同学喜欢拉着风筝线倒退着走,这时如果有火车或汽车通过,就容易出交通事故。

(2) 不要到农村场院内放风筝。农忙时,场院内有许多临时安装的电灯、电闸等。如果不注意,风筝缠上电线,造成短路,不但有触电的危险,而且有可能引起火灾。

(3) 不能在设置高压线的地方放风筝。这些地段高压线密集,若风筝缠在高压线上,容易造成人员伤亡和电器设备的损坏。

6. 燃放烟花爆竹应注意哪些安全问题?

烟花爆竹在许多城市已经明令禁止燃放了,但在有些地方仍然是允许的。在明令禁止的地方,同学们要认真遵守当地的有关法规。在允许的地方,燃放烟花爆竹时该如何注意安全呢?

(1) 燃放爆竹时应该由大人带领,在指定燃放点燃放。

(2) 烟花爆竹应该存放在远离火源的安全地方,不能放在炉火旁。

(3) 为了防止发生火灾,严禁在阳台、室内、仓库、场院等地方燃放鞭炮。也不允许在商店、影剧院等公共场所燃放。

(4) 严禁用鞭炮玩打火仗的游戏,这样做很容易伤人。

(5) 燃放时,应将鞭炮放在地面上,或者挂在长杆上。拿在手里燃放很危险,容易发生事故。

(6) 点燃鞭炮后,若没有炸响,在未确认不存在安全问题以前,不要急于上前查看。

(7) 燃放烟花爆竹时,不要横放、斜放,也不要燃放"钻天猴"之类的升空高、射程远的难以控制的品种,以防止引起火灾或炸伤人。

二、为了避免户外活动中发生的意外伤害,我们要积极预防和正确处理户外活动中的各种意外。

当户外活动中遇到特殊情况和紧急情况时,正确面对和冷静处理,是自救和互救的关键。其基本原则是通过事先充分的准备,主动预防身体遭受意外伤害,并在伤害发生时能够正确地应急处理。下面介绍几种常见的户外活动中出现的问题。

1. 中暑。

中暑是指在高温和热辐射的长时间作用下,机体体温调节产生障碍,水、电解质代谢紊乱及神经系统功能损害的症状的总称。

普通中暑。环境温度较高,而人体无法通过排汗进行体温调节时,便会产生中暑现象。

症状表现:患者感到热、晕眩、不安宁,体温可能升至40℃以上,皮肤干燥而泛红,呼吸和脉搏加速,还有的患者会出现意识不清等症状,严重者甚至还会休克。

应急处理:

(1) 应尽快将患者移至阴凉通风处,解开患者衣物,用各种办法降低患者的体温。

(2) 如有必要,可用浸水、敷湿衣及吹风等方法迅速降低体温,直至症状消失。

(3) 服用解暑药品,如藿香正气液。

(4) 如果上述办法都无效,就应该立即将患者送到医院进行医治。

过热衰竭。就是通常所说的脱水,一般人容易将其和普通中暑混淆,尤其是进行户外运动时更不容易辨别,因此这里重点说明。此病症的发生多由于在炎热潮湿或极度干燥的气候条件下进行户外运动时未能科学、及时饮水,结果造成身体中水分和盐分大量流失,出现身体严重脱水的状况。

症状表现:患者体力衰竭、头痛、晕眩、恶心及肌肉抽筋,面色苍白,皮肤湿冷,呼吸和脉搏快而浅弱,体温可能正常或下降。严重者会休克,甚至导致死亡。

应急处理:

(1) 将患者移至阴凉处,保持空气流通,同时解开衣物以利于呼吸通顺,若患者清醒,给其喂食补充液。

(2) 如果患者大量流汗,发生抽筋现象,可按 1 升水加半匙盐的配方进行喂食。

(3) 密切观察患者的体温变化,若出现体温降至正常体温以下的异常情况,首先应该对患者采取保温措施。注意体温是否仍在下降,如果是就相当危险,要一方面持续补充水分,一方面进行体温提升,同时联系救援以便及早进行抢救。

(4) 如果患者出现休克症状,应立即采取指压人中或人工呼吸等急救措施,让患者恢复呼吸和心跳。同时联系救援以便及早进行抢救。

主动预防:

(1) 多喝水。最好饮用运动功能性饮料,也可自制补充液,按 1000 毫升水 + 盐4 克 + 葡萄糖 100 克 + 橙汁 150 毫升配制。尽量不要饮用蒸馏水和纯净水,这两样水会在运动过程中加快体内水分、盐分及矿物质的流失。

(2) 多休息。行程中应适当地进行休息,不要过度疲劳,以免消耗体力,加快水分代谢。

(3) 避暴晒。行程中应该尽量避免长时间受到太阳的直接照射,可以减少体内水分蒸发。

(4) 常补充。途中休息时应及时补充进食能量食品,如巧克力、糖果等热量高的小食品。

2. 滑跌。

经过湿滑的石面、泥路或布满沙粒或碎石的地段,容易滑倒受伤。因此,在这些路段行走的时候要特别小心。

主动预防:

(1) 选择合适的专业登山鞋和徒步鞋并根据路面情况及时更换。这些鞋的设计已经充分考虑到防滑作用。

(2) 选择合适的手杖和防滑手套。手杖能够起到支撑和保持身体平衡的作用,防滑手套能够增大抓握摩擦。

(3) 选择绕行道路。条件允许时应该避免强行通过上述路段,绕道而行也是一种主动的预防措施。

(4) 协作通过。团队行进通过上述路段的时候应该发扬团结互助的精神,相互搀扶或利用辅助设施通过。

应急处理:

(1) 发生滑跌时,通过检查判断有没有造成骨折、扭伤、擦伤或其他伤势。如果有,应该立即进行急救处理。

(2) 骨折并不容易由表面察觉,若发现伤处红肿或疼痛,应引起重视,详细检查确认后进行处理。

(3) 腿脚受伤应急处理后,若可以继续行走,用手杖帮助或由队友扶持,不可以强行独自行走,以免加重伤势。

(4) 个人因伤导致行动困难时,对创伤部位进行必要处理后,使用各种方法进行呼救,并在原地等待救援。

(5) 团队中有队员因伤导致行动困难时,要谨慎处理,尤其是对腿部骨折和胸部骨折更要谨慎,如果不能准确判断伤情,切不可随意挪动受伤人员,以免造成再次伤害,使用通信设备进行呼救,将伤者用衣物覆盖以保温,等待救援。

3. 蛇咬。

差不多所有的蛇都非常怕人,除非它们认为受到威胁,否则一般不会主动攻击人类,多数会逃走。

主动预防:

(1) 穿着长裤和高帮的鞋。被蛇突然袭击时可以起到阻隔和防止被咬伤的作用。

(2) 携带驱蛇药品。强效的驱蛇药品一般可以起到让蛇不愿靠近的作用。

(3) 携带手杖。俗话说打草可以惊蛇,如果遇到蛇,可使用手杖对蛇进行驱赶,但不要试图用其去杀死蛇。

(4) 行进中应选择走现成路径,切勿擅自闯路或者随意走进草丛和杂树林。

正确应对:

遇到蛇时,保持镇定不动,让受惊的蛇尽快逃走。蛇的视力很好,受到快速动作刺激时,多数会立刻反击。

正确判断:

有毒蛇外表一般颜色比较艳丽,头部呈三角形,外露两个毒牙,咬痕为2~4个牙印。

无毒蛇外表一般颜色比较灰暗，头部呈扁圆形，无毒牙，咬痕为单排或多排细齿印。

应急处理：

(1) 保持冷静。被蛇咬后伤者通常会情绪激动，血液流动会加速，同样也会加快毒素在体内的流动。因此，应尽量保持冷静，如果是同伴受伤应尽量对其进行安慰，稳定其情绪。

(2) 用绷带或替代品缚扎伤口以上的部位。如伤口在手上或脚上，可用宽阔的绷带包裹伤口以上的部位。

(3) 被蛇咬后除非专业人士，否则不要割开伤口的皮肤吸吮或洗涤。让伤者躺下，停止伤处活动，但不要抬高伤处。不可喝酒，亦不应进行不必要的活动。如果带有蛇药，应尽快内服外用。

(4) 尽快到医院救治。如有可能的话，辨别毒蛇的种类、颜色和斑纹，如咬人的蛇已被捕捉，应该一并送往医院，以便医护人员辨认，使用适合的血清。

(5) 被无毒蛇咬后可以用肥皂等消毒药品对伤口进行处理，还应该到医院进行检查。

4. 蜂蛰。

在山野地方，经常有蜜蜂、大黄蜂或马蜂出没，应该小心避免误触蜂巢，导致蜂群的攻击，而被蜇伤。

主动预防：

(1) 紧系衣物的领口、袖口、裤脚，减少皮肤外露。这样可以防止蜂虫进入衣内，减少被蜂蜇的部位。

(2) 走常有人走的路径，切勿自行闯路，避免走蕨丛和花丛，那里通常是黄蜂聚居的地方。

(3) 不要碰到蜂窝，切勿以树枝等拍打路边树丛。

(4) 在身体和衣服上喷涂防蚊油。

(5) 避免使用有芬芳气味的化妆品，因为有芬芳气味的化妆品可能会吸引蜜蜂。

正确应对：

(1) 若遇蜂巢或蜂群挡路，应选择绕路前进。

(2) 若遇一两只黄蜂在头上盘旋，可以不加理会，照常前进。

(3) 若遇群蜂追袭，可坐下不动，用外衣盖头、颈作保护，卷曲卧在地上，待蜂群散开后再离开。

(4) 被蜇后留有蜇针，可用镊子拔除，但不要挤压毒囊，以免剩余的毒素进入皮肤。

（5）可用冷水湿透毛巾，轻敷在伤处，减轻肿痛，如果有条件可用肥皂清洗或用专门的药物涂抹。

（6）严重蜇伤应尽快到医院救治。

【知识链接】

常见的户外活动种类有哪些？

1. 攀岩：按场地分为自然场地攀岩和人工场地攀岩，按工具分为自由攀登和器械攀登，是一项刺激且很有挑战性的活动。攀岩时要系上安全带和保护绳，配备绳索等以免发生危险。

2. 野营：在野外露营、野炊。学习各种野外生活技能。在自然环境下，人与人之间的关系变得紧密、融洽。露营是种休闲活动，通常露营者携带帐篷，离开城市在野外扎营，度过一个或者多个夜晚。露营通常和其他活动联系在一起，如徒步、钓鱼或者游泳等。

3. 探险：户外休闲运动多数带有探险性，属于极限和亚极限运动，有很大的挑战性和刺激性。拥抱自然，挑战自我，能够培养个人的毅力、团队之间的合作精神，提高野外生存能力。

4. 徒步：亦称作远足、行山或健行，并不是通常意义上的散步，也不是体育竞赛中的竞走项目，而是指有目的地在郊区步行，不需要登上山顶，但是登山和穿越密切相关，两种活动经常结合在一起。

登山和穿越都需要专门的设备，如专门的登山鞋、冲锋衣裤等，登山穿越爱好者也需要准备一定的食物和工具，比如刀具、指北针等。

5. 冲浪：冲浪是以海浪为动力，利用自身的高超技巧和平衡能力，搏击海浪的一项运动。运动员站立在冲浪板上，或利用腹板、跪板、充气的橡皮垫、划艇、皮艇等驾驭海浪。不论采用哪种器材，运动员都要有很高的技巧和平衡能力，同时要善于在风浪中长距离游泳。

6. 钓鱼：是捕捉鱼类的一种方法。钓鱼的主要工具有钓竿、鱼饵。

钓竿一般由竹子或塑料等轻而有力的竿状物质制成，钓竿和鱼饵用丝线连接。一般的鱼饵可以是蚯蚓、米饭、菜叶、苍蝇、蛆等，也有专门制作好的鱼饵出售。鱼饵可以直接挂在丝线上，但有鱼钩会更好，对不同的鱼也有特殊的鱼钩。另外，鱼漂也很有帮助。在周围水面撒一些豆糠会引来更多的鱼。

【模拟训练】

一、学校准备组织大家去郊外露营,你该如何保证大家的安全?

郊游、野营活动的地点大都远离城市,比较偏远,物质条件较差。所以,要注意以下各点:

1. 要准备充足的食品和饮用水。
2. 准备好手电筒和足够的电池,以便夜间照明使用。
3. 准备一些常用的治疗感冒、外伤、中暑的药品。
4. 要穿运动鞋或旅游鞋,不要穿皮鞋,穿皮鞋长途行走时脚容易磨出泡。
5. 早晨、夜晚天气较凉,要及时添加衣物,防止感冒。
6. 活动中不随便单独行动,应结伴而行,防止发生意外。
7. 晚上注意充分休息,以保证有充足的精力参加活动。
8. 不要随便采摘、食用蘑菇、野菜和野果,以免发生食物中毒。
9. 要有成年人组织、带领。

二、酷暑来临,你在外出活动时如何防止中暑?

中暑是人持续在高温条件下活动或受阳光暴晒所致,大多发生在烈日下长时间站立、劳动、集会或徒步行军时。轻度中暑者会感到头昏、耳鸣、胸闷、心慌、四肢无力、口渴、恶心,重度中暑者可能会伴有高烧、昏迷、痉挛等症状。户外活动时应当如何防止中暑呢?

1. 喝水。大量出汗后,要及时补充水分。外出活动,尤其是远足、爬山或去缺水的地方,一定要带充足的水。条件允许的话,还可以带些水果等解渴的食品。

2. 降温。外出活动前,应该做好防晒的准备,最好准备太阳伞、遮阳帽,着浅色、透气性好的服装。外出活动时一旦有中暑的征兆,要立即采取措施,寻找阴凉通风处,解开衣领,降低体温。

3. 备药。可以随身带一些十滴水、藿香正气水等药品,以缓解轻度中暑引起的症状。如果中暑症状严重,应该立即送医院诊治。

【交流讨论】

1. 去野外钓鱼时需要注意哪些安全事项?
2. 滑冰是一项不错的运动,滑冰时我们该如何做好安全防范?

防灾减灾篇

Part 5

大风、暴雨、雾与雪、高温及地震，这些自然灾害皆具有较大的破坏力，它们都能对生物界，尤其是地球上的人类造成很大的危害，给人类带来不可估量的损失。人类不恰当的活动造成了各种环境污染和生态灾害，使我们生存的家园——地球伤痕累累。同学们应该从科学的意义上认识这些灾害的发生、发展情况，并尽可能减少自然灾害所造成的损失，共同创造一个绿色家园。

第一章　天有不测风云

话题1　肆虐的暴风骤雨

【引言】

我国是自然灾害多发的国家。特别是受风、雨等极端天气的影响越来越大,自然灾害每年给我国造成的损失相当惊人。

据浙江省防汛抗旱指挥部统计,截至2012年8月8日下午4时,“海葵”已致浙江403.19万群众受灾,全省已转移群众157.59万。房屋倒塌4452间,农作物受灾面积18.48万公顷,绝收面积2.58万公顷。减少粮食15.65万吨,水产养殖损失31.84万吨,死亡大牲畜1.11万头。37680家企业停产,526条公路、1067条次供电线路、283条次通信线路中断。1581处堤防、1018处护岸、178座水闸、76个水文设施受损,直接经济损失100.25亿元。自然灾害虽然无法避免,但是掌握了一定的风、雨天安全常识,就能把危险降到最低程度。

【案例点评】

案例1:2011年3月20日,咸阳街头一名女学生正在骑自行车回家,突然路旁的广告牌被大风吹倒,压住了该名女学生,幸亏被巡逻的民警看到,女学生才被救了出来。后经医生救治,该女学生脱离了生命危险。

点评:该名女学生遭此厄运,原因在于该名女生缺乏大风天里的安全常识。在大风天里骑车,应该注意观察路边广告牌、灯箱等是否有脱落的迹象,车速一定要慢,并且不要乱超车,这样才能保障自己和他人的人身安全。

案例2:2012年7月21日,北京遭遇61年以来的最强暴雨,北京气象局一天连发5次预警。据新华社消息,这是北京市气象台发布的自2005年建立天气预警制度以来的第一个暴雨橙色预警。气象专家表示,随着雨情发展,不排除发布最高级别暴雨红色预警的可能。截至22日2时,全市平均降雨量164毫米,创61年以来最大降水量。城区平均降雨量212毫米,至22日凌晨3点,首都机场取消了

545 次航班，延误 1 小时以上的航班达到 28 次，此次最强降雨已致 77 人遇难，造成了巨大的经济损失。

点评：这场降雨威力巨大，造成巨大的经济损失和人员伤亡，原因一方面是市民缺乏必备的雨天安全常识；另一方面，在城市发展过程中市政排水系统不够完善、城市建设规划不够合理、城市的管理水平不高、城市化进程中自然面貌的人为改变等原因，致使城市出现暴雨灾害。因此，应重视和加强人们对突发灾害的心理承受能力和自救互救能力的培养。政府部门应切实提高城市应急救援能力，最大限度地减少灾害损失。

案例 3：2011 年 7 月 12 日扬州再遭暴雨袭击，当天下午 3 点 40 分左右，雨下得特别大，仪征一位 16 岁的职校女学生在骑电动车回家途中，在路上积水有八九十厘米深的情况下仍不下车，想冲过涵洞，女学生在行驶到离桥洞北面 20 多米处时，连人带车被东西方向的水流冲入涵洞中，不见踪影。

点评：该名女生缺乏基本的暴雨灾害防御常识，行车时怀有侥幸心理，未注意避开危险区域，尤其是低洼地带浸水区域，从而导致不应该发生的悲剧。此外，相关部门应该在危险地带设置警示牌提醒人们注意行走安全，避免事故的发生。

【安全常识】

一、案例 1 里咸阳街头的女学生，大风日里骑车发生了意外，是不幸的，大风来临时我们可以尝试以下做法以保护自身安全。

1. 尽量减少外出，必须外出时少骑自行车，不要在广告牌、临时搭建物下面逗留、避风。

2. 如果正在开车，应将车驶入地下停车场或隐蔽处。

3. 如果住在帐篷里，应立刻收起帐篷，到坚固结实的房屋中避风。

4. 如果在水面作业或游泳，应立刻上岸避风，船舶要听从指挥，回港避风，帆船应尽早放下船帆。

5. 在房间里要小心关好窗户，在窗玻璃上贴上“米”字形胶布，防止玻璃破碎，远离窗口，避免强风席卷沙石击破玻璃伤人。

6. 在公共场所，应向指定地点疏散。

7. 农业生产设施应及时加固，成熟的作物应尽快抢收。

二、为了避免不必要的损失，在暴雨来临时知道以下避险措施是很有必要的。

1. 在危旧房屋或在低洼地势住宿的人员应及时转移到安全的地方。

2. 关闭煤气阀和电源总开关。

3. 立即停止田间农事活动和户外活动。

4. 注意夜间的暴雨,提防旧房屋倒塌伤人。

5. 雨天汽车在低洼处熄火,千万不要在车上等候,下车到高处等待救援。

6. 不要在下大雨时骑自行车。过马路要留心积水深浅,15 厘米深的积水就能使人跌倒。

7. 不要走地下通道或高架桥下面的通道。

8. 遇到危险时,请拨打 110 求救。

三、暴雨往往造成水灾,水灾过后,灾区很容易发生肠道传染病以及流行性出血热等人畜共患疾病和自然疫源性疾病。这时,应该做到以下几点。

1. 不喝生水,不吃变质食品,饮食尽量清淡,以新鲜的蔬菜、水果、谷类为主,剩余食品、隔餐食品要彻底加热后再食用,并尽量少食凉拌菜。

2. 饭前便后及处理生的食物(如鱼、虾、蟹、贝类等水产品)后要用肥皂、流水反复洗手,搞好家庭卫生,生熟食品要分开。

3. 注意灭蚊灭蝇。应清除垃圾、杂草;家里要挂好门帘、窗纱,晚上睡觉时放下蚊帐;可喷洒敌敌畏、灭蚊灵,也可点蚊香、灭蚊片及艾蒿等。

4. 加强户外活动,定时开窗通风,注意劳逸结合和保证充足的睡眠,以提高机体抵抗疾病的免疫力。

5. 如有恶心、呕吐、腹痛、腹泻、食欲缺乏等异常状况,应在最短时间内到正规医院检查治疗。

【知识链接】

一、我们常常讲到风灾,同学们应该了解风灾的等级划分。

风灾灾害等级一般可划分为 3 级:

1. 一般大风:相当于 6 ~ 8 级大风,主要破坏农作物,对工程设施一般不会造成破坏。

2. 较强大风:相当于 9 ~ 11 级大风,除破坏农作物、林木外,对工程设施可造成不同程度的破坏。

3. 特强大风:相当于 12 级以上大风,除破坏农作物、林木外,对工程设施和船舶、车辆等可造成严重破坏,并严重威胁人员生命安全。

二、我们从广播、电视里经常听到"今年第 × 号台风(热带风暴、强热带风暴)× ×"等词句,同学们知道台风的编号和命名的由来吗?

1. 台风是按照每年出现的先后顺序编号,我国从 1959 年起开始对每年发生或进入赤道以北、180度经线以西的太平洋和南海海域的近中心最大风力大于或等于8级的热带气旋按其出现的先后顺序进行编号。编号由四位数码组成,前两位表示年份,后两位是当年风暴级以上热带气旋的序号,如2003年第13号台风“杜鹃”,其编号为0313,表示的就是2003年发生的第13个风暴级以上热带气旋。热带低压和热带扰动均不编号。

2. 1997年11月25日至12月1日,世界气象组织(简称WMO)台风委员会第30次会议决定,西北太平洋和南海的热带气旋采用具有亚洲风格的名字命名,从2000年1月1日起开始使用。新的命名方法是事先制定一个命名表,然后按顺序年复一年地循环重复使用。命名表共有140个名字,分别由WMO所属的亚太地区的柬埔寨、中国、朝鲜、香港、日本、老挝、澳门、马来西亚、密克罗尼西亚、菲律宾、韩国、泰国、美国以及越南等14个成员国和地区提供,每个国家或地区提供10个名字。这140个名字分成10组,每组的14个名字,按每个成员国英文名称的字母顺序依次排列,按顺序循环使用。同时,保留原有热带气旋的编号。具体而言,台风命名的要求是:每个名字不超过9个字母;容易发音;在各成员语言中没有不好的意义;不会给各成员带来任何困难;不是商业机构的名字;选取的名字应得到全体成员的认可,如有任何一成员反对,这个名称就不能用作台风名称。台风大多使用了动物、植物、食品等的名字,还有一些名字是某些形容词或美丽的传说,如玉兔、悟空等。“杜鹃”这个名字是中国提供的,就是指我们熟悉的杜鹃花。

【模拟训练】

一、每年夏天都是台风生成和登陆的“旺季”,2012年也不例外。回顾2012年以来登陆我国的台风,呈现出明显的频发多发、密集登陆、威力强大等特点。台风来临前我们应该做哪些准备工作呢?

1. 留意气象报道。多留意媒体报道、拨打气象电话(如96121)或通过气象网站等了解台风的最新情况,调整出行时间。

2. 准备照明设施。家里最好能准备一些手电筒、蜡烛或蓄电的节能灯,因为万一遇上停电或是房屋进水等情况,照明将成问题,如果夜晚出行,没准会有什么被吹倒的东西横在你前方,备用的照明设施就能解决些问题。手上最好有备用的干电池。

3. 检查高空物的摆放。遇台风时,折断的树枝、楼顶的广告、阳台花盆都会扛不住大风,从天而降。台风来临之前,大家应清理自家阳台窗口的花盆、衣架,检查楼道窗户,如果有破碎等情况,应在第一时间修补完整,以免大风刮起时坠落伤人。

4. 疏通下水管防进水。地势低洼的居民区，积水带来的麻烦和危险还是能避则避。趁暴雨来临之前，先检查自家的排水管道，如果有条件最好疏通一遍。特别是住在一楼的住户，更要把一些浸不得水的电器、货物以及衣服、鞋，尽可能转移到高处，万一房内进了水，损失不至于太大。

5. 受大风影响，市民家里很可能遇上停电停水，因此，家里可准备些方便面、饼干等干粮和饮用水以及常用药品和移动电话。

二、密集登陆的台风个个“势大力沉”，带来的风雨影响十分严重。截至2012年8月23日，6个登陆的台风中，有5个登陆风力达到或超过12级。其中，“苏拉”和“海葵”以14级的强台风强度登陆，“达维”是1949年以来登陆长江以北沿海的最强台风。这些台风影响范围十分广泛，给华东、东北及华南的大部地区带来强降水，局部地区降水量突破历史极值。暴雨来临前我们应该如何应对呢？

1. 注意气象部门关于暴雨的最新预报。
2. 处于危旧房屋，或处于地势低洼住宅里的居民，应及时转移到安全的地方。
3. 易涝区居民最好关闭煤气阀和电源总开关。
4. 易受淹的家庭应收拾家中贵重物品，放到楼上或置于高处。
5. 暴雨来临前，要暂停户外活动，并立即到安全的地方暂躲。
6. 提早清理室外排水管道设施，保持排水畅通。

【交流讨论】

1. 案例2里提到暴雨预警，暴雨预警是如何划分的？预警标志又是什么？
2. 模拟训练里提到台风和暴雨的影响很大，请分别说说它们的危害。

话题2　温柔杀手雾与雪

【引言】

雾和雪都属于常见的天气现象。它们看似并不凶猛，却会给社会经济和人民生活带来许多不利影响和危害。

雾是对人类交通活动影响最大的天气之一。有雾时的能见度大大降低,很多交通工具都无法使用,如飞机等;或使用效率降低,如汽车、轮船等。雪一般来说对农业生产是有利的,“瑞雪兆丰年”是我国广为流传的农谚。但是暴雪的危害也不小:它妨碍交通、通信、输电线路安全;冻坏农作物,导致农业歉收或严重减产,对蔬菜生产和供应造成不利影响;伴随低温冻害,致使人、畜冻伤或冻死;造成道路积冰,致使交通事故多发和行人跌倒或摔伤。

【案例点评】

案例 1:2009 年 11 月末至 12 月,陕西省出现持续性大雾天气,全省大部地区多次出现能见度小于 200 米甚至小于 50 米的特浓雾持续天气,导致陕西境内西铜、西长、咸永、西禹、西潼、西临、西宝、西汉、西渭等多条高速路段封闭,西安绕城高速全线封闭。大雾还使得多次铁路运输列车停运,咸阳国际机场多次关闭,造成滞留旅客达 30 万人。到 12 月 4 日大雾结束,这次大雾共持续了 18 天,其中最严重的是 11 月 21—25 日,关中平原东段能见度恶劣时不足 30 米,严重影响了多条高速公路、航班正常运营。

2010 年 11 月 7 日上午 8 点多,受大雾影响,G15 高速公路金山区段发生一起交通事故,造成 4 人死亡,38 名乘客受伤。

点评:大雾会使空气的能见度降低,视野模糊不清,很容易引发交通事故、空难和海难。在公路上出现大雾,不仅会造成交通阻塞,甚至会发生汽车追尾事故,尤其在山区公路和高速公路上。据统计,高速公路上因雾等恶劣天气造成的交通事故,大约占总事故的 1/4。有雾天气对航空运输影响更大,遇有大雾,须临时关闭机场,影响飞机的按时起飞和降落,甚至造成飞机失事。

案例 2:2009 年 11 月 10 日我国北方部分地区先后遭遇历史罕见强降雪,灾区群众的生产生活受到比较严重的影响。截至 13 日下午 5 时,北方地区降雪过程造成冀晋鲁豫鄂陕宁 7 省份 755.2 万人受灾,因灾死亡 21 人,疏散公路滞留和转移安置 15.9 万人;农作物受灾面积 19.04 万公顷;倒塌房屋 9000 多间;因灾直接经济损失 44.6 亿元。

点评:雪灾亦称“白灾”,是长时间大量降雪造成的大范围积雪成灾的自然现象。下雪特别是大雪会阻塞道路,严重影响交通,容易造成交通事故。严重的暴风雪会造成直接经济损失。连续不断的降雪还会造成雪崩。在山区,积雪超过一定厚度,积雪之间的附着力支撑不住积雪的重力时,便会发生雪崩现象。大雪还易压断通信、输电线路,我国很多地区都曾出现过大雪造成的大范围停电事故。

厚的积雪还会使各种植物，尤其是庄稼、蔬菜等遭受冻害；同时，大量降雪后往往伴随大风降温天气，雪后气温骤降，如不及时采取防范措施，人、畜极容易被冻伤。

【安全常识】

一、从上述案例中我们清晰地发现，雾对人类的影响很大，下面我们来认识一下雾的危害。

1. 对健康的影响。人类在工业生产活动中排放的粉尘、二氧化硫、烟粒以及汽车尾气等污染物，成为雾的凝结核，使空气中的有害物质酸等的含量，比没有浓雾的天气里要高出几十倍。特别是受工业污染较重的区域，人们在这种有害烟雾中活动，健康势必受到影响。例如，1952 年 12 月初，英国伦敦被浓雾笼罩，燃煤产生的烟雾不断聚集，造成了数千人死亡，这就是著名的"雾都惨案"。

2. 对水陆空交通的影响。据统计，高速公路上雾等恶劣天气造成的交通事故，大约占总事故的 1/4。大雾天气对航空运输影响更大，遇有大雾，须临时关闭机场，影响飞机的按时起飞和降落，甚至造成飞机失事。在江河湖海上出现大雾，可影响船只正点出航或导致船只晚点，甚至因看不见信号灯、航标或其他航行的船只，造成船只相撞、触礁事故。

3. 对电力通讯的影响。浓雾还会使电线受到"污染"，引起输电线路短路、跳闸、掉闸等故障，造成电网大面积断电，使电力机车停运、工厂停产、市民生活断电等。

4. 对农业的影响。长时间的大雾遮蔽了日光，妨碍了农作物的呼吸，使作物对碳水化合物的储量减少。多雾的地区，日光照射时间不足，会使作物延迟开花，生长不良，从而影响农作物的质量和产量。

5. 对城市建筑的影响。城市的空气中含有大量的吸湿性烟霾污染微粒，它们是很好的水汽凝结核，这种含有大量二氧化硫等的污染气体，与水汽结合形成的酸雾，对建筑有很大的腐蚀作用。例如，罗马等欧洲、美洲城市的建筑浮雕、石雕、铜像等，长年受到腐蚀，因而变色、变脏，甚至轮廓不清晰。

二、认识了雾的危害，为了我们的健康，大雾天气发生时可以采取以下防护措施。

1. 避免进行剧烈活动。进行长跑、跳绳、踢球等剧烈运动时，肺活量会大大增加，大雾天气进行剧烈运动会导致人吸入更多的污染物。

2. 别把窗子关得太严。家里会有厨房油烟污染、家具添加剂污染等，如不通风换气，污浊的室内空气同样会危害健康。可以选择中午阳光较充足、污染物较少的时候短时间开窗换气。

3．老人、孩子、孕妇、心脏病人、有呼吸系统疾病等对污染比较敏感的人群，阴霾天最好减少外出活动。

4．尽量远离马路。上下班高峰期和晚上大型汽车进入市区这些时间段，污染物浓度最高。

5．出门戴口罩。戴口罩能阻挡部分污染物，有益于身体健康。

6．尽量不要开车外出，必须开车时要打开前后雾灯，如没有雾灯可开近光灯，但别开远光灯。控制车速，与前车保持足够制动距离，慢速行驶，切忌开快车，勤按喇叭警告行人和车辆。紧盯前方，勿忘方向，及时除去挡风玻璃上的雾水，在雾中停车时，要紧靠路边，最好开到道路以外，打开雾灯，不要坐在车里。

三、案例3中的强降雪造成的损失是巨大的，为了生命财产的安全，暴雪灾害发生前，有必要做好下列准备。

1．准备足够的粮食、燃料和衣物。加固房屋。熟悉居住环境，设置好地标。准备呼救信号、雪地用品和药物。注意保暖，避免冻伤，不触摸冰冷的物体。准备好防雪盲眼镜。

2．在家里或车上准备好雪铲和手电筒。储存一些用来应急的水和不易腐烂的食物。关闭外面的水龙头，避免水管爆裂和发大水。把屋子里的特效药和新兴的医疗方法手册放在你容易拿到的地方。买一个可以在室内安全使用的煤油灯或者暖炉。储存一些盐、干草和沙子，使房子的入口通畅。

3．车加满油以备你需要开车去一个更温暖的地方，检查汽车的防冻液。

四、如果我们正在野外工作或者行走，强降雪发生时，掌握一定的技巧，可以提高生存的概率。

首先，要学会建造防风御寒的雪屋。最简单可行的办法是在地上摊上大片的树枝，然后往上铺雪并压实，最好在树枝外层放上一层兽皮或帆布，把雪铺好、压实，1小时后拆去树枝，雪屋即告落成。一般来说，一旦遇上了风暴而暂时又得不到营救，就应立即搭建这种简单的避险所。在雪屋内适当烤火取暖是可以的，但必须防止一氧化碳中毒。在严寒地带还要特别注意防止冻伤，要保持四肢干燥，涂上油脂，比如动物的脂肪，这是最有效的办法。千万不可用雪、酒精、煤油或汽油擦冻伤了的肢体，按摩同样有害。另外切记，雪吃得越多越渴，由于雪水中缺少矿物质，因而即使是烧开了喝，也会引起腹胀或腹泻。但用雪水做菜汤则另当别论。还有一个解决饥饿的可行的办法就是捕捉动物，尤其是冬眠的动物，捕捉较为容易。

其次，发生雪灾时，如果你被困在汽车里，那就待在里面。在电池不被用完的前提下，每小时发动马达 10 分钟可以提供足够的热量。窗户可适时开一会儿，以避免一氧化碳中毒。不要在车内点燃东西取暖。间歇性地打开你的车灯并鸣笛，以便确保救援人员能够看到你。在汽车的天线上系一条颜色鲜艳的布作为遇险信号。都市中救援人员应当来得很快，到晚上的时候，如果可能，把车灯打开，以便救援人员发现你。

【知识链接】

一、雾被誉为“温柔杀手”，下面我们一同来认识大雾预警的等级及信号标志。

1. 大雾黄色预警信号。

12 小时内可能出现能见度小于 500 米的雾，或者已经出现能见度小于 500 米、大于等于 200 米的雾并将持续。

2. 大雾橙色预警信号。

6 小时内可能出现能见度小于 200 米的雾，或者已经出现能见度小于 200 米、大于等于 50 米的雾并将持续。

3. 大雾红色预警信号。

2 小时内可能出现能见度小于 50 米的雾，或者已经出现能见度小于 50 米的雾并将持续。

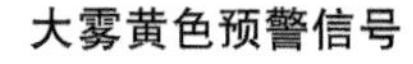
大雾黄色预警信号

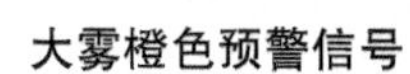
大雾橙色预警信号

大雾红色预警信号

二、经过案例介绍，同学们已经认识到强降雪造成的危害，我们还应当了解雪灾的指标。

人们通常用草场的积雪深度作为雪灾的首要标志。由于各地草场差异，牧草生长高度不等，因此形成雪灾的积雪深度是不一样的。内蒙古和新疆根据多年观察调查资料分析，对历年降雪量和雪灾形成的关系进行比较，得出雪灾的指标为：

轻雪灾：冬春降雪量相当于常年同期降雪量的 120% 以上；

中雪灾:冬春降雪量相当于常年同期降雪量的140%以上;

重雪灾:冬春降雪量相当于常年同期降雪量的160%以上。

雪灾的指标也可以用其他物理量来表示,诸如积雪深度、密度、温度等,不过上述指标的最大优点是使用简便,且资料易于获得。

【模拟训练】

一、在上学的路途中常常会遭遇大雾天气,遇到这样的天气时我们该怎么处理?

1. 雾天能见度低,有时路面湿滑,应注意行路安全,尽量选择公共交通出行。骑自行车、电瓶车等出行的,一定要减速慢行,过路口时最好下车推行,以确保自身安全。

2. 雾中骑车时,一定要严格遵守交通规则,限速行驶,千万不可骑快车。雾越大,可视距离越短,车速就必须越低。最好控制在时速10千米以下。

3. 在雾天视线不好的情况下,勤按喇叭可以起到警告行人和其他车辆的作用,当听到其他车的喇叭声时,应当立刻鸣笛回应,提示自己的行车位置。

4. 在雾中骑车应该尽量低速行驶,尤其是要与前车保持足够的安全车距,不要跟得太紧。要尽量到路中间行驶,不要沿着路边行驶,以防与路边临时停车等待雾散的车、人相撞。

二、同学们常常回味雪天出门打雪仗、堆雪人的情景,心中很期盼那样的场景再现,那么,雪天出行时我们要注意什么?

1. 防滑。雪天里尽量不要出门,如果确需出门,最好穿雪地防滑棉鞋、旅游鞋或球鞋,而且应尽量在靠近便道的自行车道上行走。

2. 防摔。雪天如果选择自行车出行,首先要检查一下自行车车闸灵不灵,因为夜晚温度低,车闸上可能结了冰,开始捏时不管用。骑车上路不要抢机动车道,遇到有积雪的路面和凹凸不平的冰面,最好下车推着走。

3. 防砸。部分地区降雪量较大,树木存在被压倒的危险,行人应尽量远离树木以及临时搭建的建筑物,谨防因树木或建筑物坍塌而被砸伤。

4. 防磕。由于雪的覆盖,道路上很多“陷阱”会被遮盖,因而行走时要特别小心,尤其要注意低洼处、井盖、建筑材料上的钉子等。

【交流讨论】

1. 通过案例我们发现,北方容易出现大雾和强降雪天气,说说你的看法。

2. 大雪造成那么多的危害,谚语“瑞雪兆丰年”却道出了它的另一面,你是如何理解的?

话题3 高温下的“烤”验

【引言】

中国气象学上,气温在35摄氏度以上的天气可称为“高温天气”,如果连续几天最高气温都超过35摄氏度,即可称作“高温热浪”。一般来说,高温通常有两种情况,一种是气温高而湿度小的干热性高温;另一种是气温高、湿度大的闷热性高温,称为“桑拿天”。中国除青藏高原等部分地区以外,几乎绝大多数地方都出现过高温天气。中国的高温天气主要集中在5—10月。江南、华南、西南及新疆是高温的频发地。

据1951—2009年的资料统计,在中国省级以上城市中,除拉萨、昆明没有高温天气外,其余均出现过高温天气,重庆出现的次数最多,达1853天;西宁最少,只有3天。中国的新疆盆地也是高温的频发地,像吐鲁番多次出现全月(6月、7月、8月)所有天都为高温的情况。高温天气对人体健康的主要影响是导致中暑以及诱发心脑血管疾病而导致死亡。因此,应尽量减少午后高温时段的户外活动或作业,注意防暑降温。

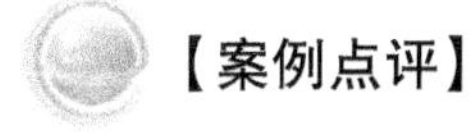

【案例点评】

案例1:据2012年7月15日报道,因热浪台南市最近2天来,有9位男性猝死案例,且是18岁到50岁的居多。高雄市入夏以来也有3起工人疑热死意外,分别是:39岁高姓清洁工,在清扫时突然昏眩晕倒,送医后不治;一家化工厂54岁陈姓劳工，在厂区仓库从事包装作业时，全身盗汗昏倒，同样送医不治；另一家石化厂49岁许姓劳工在巡查时，觉得身体有异样，值班保安人员发现他脸色苍白，随即呼叫救护车，经抢救仍不治而亡。

点评：以上高温天气中发生的不幸是因为人体在过高环境温度作用下，体温调节机制暂时发生障碍，而发生体内热蓄积，导致中暑。中暑按发病症状与程度，可分为：热虚脱，是中暑最轻度表现，也最常见的；热辐射，是长期在高温环境中工作，导致下肢血管扩张，血液淤积，而发生昏倒；日射病是长时间暴晒，导致排汗功能障碍，严重的就导致伤亡事故。

案例2：2012年6月23日下午2点多某省气温高。该省某市某职业学校组织学生在没有一棵树的操场上进行1000米的模拟考，教师却没有要求学生做任何的救护措施和预备活动。张姓同学是第一组参与跑步的成员，在跑步过程中多次出现摇晃及停止跑步的迹象，但老师视而不见，刚到终点，郑洋就因为中暑而晕倒。学校没有直接打120呼救，而是把张姓同学带到医务室自行抢救半个多小时，直到发现张姓同学生命体征下降才急急忙忙用校车送往医院。张姓同学被送至医院时已经没有心跳，脉搏微弱，呼吸停止，瞳孔扩大。医生用电击的急救方式进行抢救，但张姓同学却一直处于深度昏迷状态，不能自主呼吸。

点评：该事件发生的原因：夏季午后2时是一天中气温最高的时候，此时应该禁止学生在室外活动；如果确需，教师应先带领学生进行预备活动并告知必要的救护措施；发生中暑时应该迅速把学生移到通风、阴凉、干燥的地方进行必要的救护，并立即拨打120请专业医护人员到场，防止发生事故。

【安全常识】

一、从上述案例我们发现，高温天气如果不注意防护，往往会造成意外的伤亡事故。在高温天气下，学生应该注意以下事项。

1. 教室应开窗使空气流通，地面经常洒水，设遮阳窗帘等。
2. 出门时要戴太阳镜、遮阳帽或使用遮阳伞。
3. 在操场活动时，要注意采取有效防护措施，切忌在太阳下长时间裸晒皮肤，最好带冰凉的饮料。
4. 要注意不要在阳光下疾走，也不要到人聚集的地方。从外面回到室内后，切勿立即开空调。
5. 要尽量避开在上午10时至下午4时出行，应在口渴之前就补充水分。
6. 要注意高温天饮食卫生，防止胃肠感冒。

7. 要注意保持充足睡眠，有规律地生活和工作，增强免疫力。

8. 要注意对特殊人群的关照，特别是老人和小孩，高温天容易诱发老年人心脑血管疾病和小儿不良症状。

9. 要注意预防日光照晒后日光性皮炎的发病。如果皮肤出现红肿等症状，应用凉水冲洗，严重者应到医院治疗。

10. 出现头晕、恶心、口干、迷糊、胸闷气短等症状时，应怀疑是中暑早期症状，应立即休息，喝一些凉水降温，病情严重者应立即到医院治疗。

二、高温天气下如果稍不注意，容易出现中暑现象，为了避免案例 2 中张姓同学类似的悲剧发生，中暑后同学们应该学会下面这些自救方法。

1. 立即将病人移到通风、阴凉、干燥的地方，如走廊、树荫下。

2. 让病人仰卧，解开衣扣，松开或脱去衣服。如衣服被汗水湿透，应更换干衣服，同时开电扇或开空调，以尽快散热。

3. 尽快使体温降至 38 摄氏度以下。具体做法有：用湿毛巾冷敷头部、腋下以及腹股沟等处；用温水或酒精擦拭全身；冷水浸浴 15 ~ 30 分钟。

4. 意识清醒的病人或经过降温清醒的病人可饮服绿豆汤、淡盐水等解暑。

5. 还可服用藿香正气水。另外，对于重症中暑病人，要立即拨打 120 电话，请医务人员紧急救治。

【知识链接】

一、高温天气下容易中暑，学生应该了解有关中暑的知识。

中暑不仅和气温有关，还与湿度、风速、劳动强度、高温环境、暴晒时间、体质强弱、营养状况及水盐供给等情况有关。

诱发中暑的因素很复杂，但其中主要因素还是气温。根据气象特点，可将发生中暑的现场小气候分为两类：一类是干热环境，以高气温、强辐射热及低湿度为特点，环境气温一般较室外高 5 ~ 15 摄氏度，相对湿度常在 40% 以下；另一类为湿热环境，即气温高，湿度高，但辐射热并不强。由于气温在 35 ~ 39 摄氏度时，人体 2/3 余热通过出汗蒸发排泄，此时如果周围环境潮湿，汗液则不易蒸发。

据实验，导致中暑的条件为：① 相对湿度 85%，气温为 30 ~ 31 摄氏度；② 相对湿度 50%，气温为 38 摄氏度；③ 相对湿度 30%，气温为 40 摄氏度。

中暑的程度可以分为三级：① 先兆中暑。高温环境中，大量出汗、口渴、头昏、耳鸣、胸闷、心悸、恶心、四肢无力、注意力不集中，体温不超过 37.5 摄氏度。② 轻度中暑。具有先兆中暑的症状，同时体温在 38.5 摄氏度以上，并伴有面色潮红、胸闷、皮肤灼热等现象,或者皮肤湿冷、呕吐、血压下降、脉搏细而快的情况。③ 重症中暑。除以上症状外,发生昏厥或痉挛,或不出汗,体温在 40 摄氏度以上。

二、夏季高温天气下,往往会出现情绪烦躁等现象,这就是医学上说的"情绪中暑",俗话说"药补不如食补",这些食物有着良好的疗效。

据医学调查,气温高于 35 摄氏度会明显影响人体下丘脑的情绪调节中枢,约 16% 的人出现"情绪中暑"现象,医学上称为"夏季情感障碍"。高温袭来,你能依靠空调屋躲过生理中暑,但未必能逃脱"情绪中暑"。为此,营养专家提出了以下食物疗法:

1. 绿豆:有清热解毒、明目降压、安神等功效。绿豆汤是常用的清热解毒剂,常喝绿豆汤还可消暑养胃。

2. 西瓜:味甘性寒。西瓜可缓解中暑、发热、心烦、口渴等状况。但胃寒、腹泻的人不可多吃。

3. 黄瓜:含维生素 A、维生素 C 及钙、磷、铁等成分,而且含钾特别丰富。

4. 丝瓜:丝瓜做汤喝,有消暑解热、利尿、消肿的功效。

5. 苦瓜:有清热解毒、清心消暑、明目降压的作用。据研究,苦瓜含有一种类似胰岛素的物质,有降糖功效。

6. 木瓜:含蛋白质、维生素 B、维生素 C 及蛋白酶、脂肪酶等,有清热、解暑、助消化、健脾胃的效果。

7. 草莓:草莓不但好吃,还有药用价值。中医认为它有去火功效,能清暑、解热、除烦。

8. 大豆:大豆在滋阴、去炎的同时还能补充因为高温而大量消耗的蛋白质。

【模拟训练】

一、夏季气温高,某职校学生小明喜欢待在空调房间里,没多久小明生病了,医生告知小明得了空调病,并提出了下列可以避免的方法。

1. 要经常开窗换气,最好在开机 1 ~ 3 小时后关机,要多利用自然风降低室内温度,最好使用负离子发生器。

2. 室温最好定在 25 ~ 27 摄氏度之间,室内外温差不要超过 7 摄氏度,否则出汗后到室内,会加重体温调节中枢负担,引起神经调节紊乱。

3. 有空调的房间应注意保持清洁卫生,最好每半个月清洗一次空调过滤网;办公桌不要安排在冷风直吹处,若长时间坐着办公,应适当增添衣服,在膝部覆盖毛巾加以保护。

4. 下班回家后，先洗个温水澡，自行按摩一番，再适当加以锻炼，增强自身抵抗力。

二、夏季某天气温很高，职校学生小强无精打采，行动迟缓，去看校医后，校医发觉小强有中暑的征兆，讲述了中暑的症状。

1. 高温环境下，出现头痛、头晕、口渴、多汗、四肢无力、注意力不集中、动作不协调等症状。

2. 体温正常或略有升高。

3. 如及时转移到阴凉通风处，补充水和盐分，短时间内即可恢复，即为轻症中暑。

4. 体温往往在 38 摄氏度以上。

5. 除头晕、口渴外往往有面色潮红、大量出汗、皮肤灼热等表现，或出现四肢湿冷、面色苍白、血压下降、脉搏加快等表现。

【交流讨论】

1. “五一”来临了，小明、小强等几位同学准备出去旅游，请你提醒他们应做好哪些防暑的准备。

2. 武汉、南京、重庆被誉为我国的“三大火炉”，能说出原因吗？

话题 4　另一种“震感”

【引言】

地震又称“地动”、“地震动”，是地壳快速释放能量过程中造成震动，其间会产生地震波的一种自然现象。全球每天发生 50 次左右的局部有感地震，几天就有一次能使建筑物遭受破坏的地震，地震是非常频繁的，每年发生地震约 550 万次。地震常常造成严重人员伤亡，能引起火灾、水灾、有毒气体泄漏、细菌传染及放射性物质扩散，还可能造成海啸、滑坡、崩塌、地裂缝等次生灾害。

强烈的地震可以在几十秒甚至几秒的短暂时间内造成巨大的破坏，顷刻之间就可使一座城市变成废墟。据不完全统计,20世纪发生了7次极其严重的大地震,造成了世界上约150万人死亡,同时地震造成大量建筑物被毁、交通中断以及水灾、火灾、爆炸等次生灾害,经济损失十分巨大。

【案例点评】

案例1:2008年5月12日下午2时28分04秒,四川汶川、北川等地区发生了里氏8级大地震,这是新中国成立以来破坏性最强、波及范围最广的一次地震。此次地震重创了约50万平方千米的中国大地！据民政部统计,截至2008年9月25日12时,四川汶川地震已确认69227人遇难,374643人受伤,失踪17923人,这次地震造成的直接经济损失约8452亿元人民币。

点评:此次大地震造成重大人员伤亡及其他损失的原因:震中位于印度洋板块俯冲亚欧板块区域;属于浅源地震,离地表近;震级高,达到里氏8级;建筑物防震能力不够;山区山高路窄,交通闭塞;人口相对集中;民众的防震意识不够强。

案例2:2011年3月11日,日本气象厅表示,日本于当地时间11日下午2时46分发生里氏9级地震,震中位于宫城县以东太平洋海域,震源深度20千米。地震引发大规模海啸,造成重大人员伤亡,并引发日本福岛第一核电站发生核泄漏事故。

点评:此次地震的原因:日本国位于环太平洋地震带上的亚欧板块与太平洋板块的交界地带;地震引发次生灾害海啸,进而导致核泄漏;人口密集。

【安全常识】

一、从上述案例中我们发现,地震给人类造成的损失是巨大的,但是任何一次地震的发生都有先期征兆。

1. 动物异常。蛇、鱼、鸟、鼠等动物震前对地壳深处传来的声、光、电、磁、热等变化,有强烈的感知。比如鼠类成群结队乱跑,黄鼠狼大搬家;狗乱叫狂嚎,猪不吃食,羊不进圈,猫乱抓乱挠,马、牛不吃料,或乱奔或发呆;鱼类成群漂浮,有的发呆,有的翻白,有的佯死,有的倒立在水中打旋,或者跃出水面,家养的鱼乱蹦乱跳;海蟹密密麻麻地爬满了海岸,一动也不动;等等。

2. 植物预兆。科学家在研究我国近20多年发生的地震时发现,每次地震发生前,植物都出现过异常情况。比如冬季植物发芽、开花,或者出现大面积枯萎或异常繁荣现象。对地震的反应最具有代表性的当属含羞草了。

3. 地震前会有地形变化，如垂直升降、水平位移、地面倾斜等。

4. 地下水异常。中国有句老话说："井水是个宝，前兆来得早，不是涨就是落；甜变苦，苦变甜；又发浑，又翻花；水打旋，冒气泡。见到了要报告，群众齐预报。"

5. 地光、地声。在漆黑的夜空突然闪出耀眼的光束，地光伴随强烈的地声，"无风听见狂风吼，无云听见雷轰鸣"，其声或像山洪暴发，或像飞机轰炸，或像山崩地裂，或像炮弹爆炸。

二、地震是无情的，学校平时的防震教育能使危险降到最低。

1. 教师平时要结合教学活动，向学生们讲述地震和防震、避震知识。

2. 教室内桌椅摆放与窗户、外墙保持一定距离，以免外墙倒塌伤人，留出一定通道，便于紧急撤离，将年小体弱或残疾的同学安排在方便避震或能迅速撤离的方位；加固课桌、讲台，便于藏身避震；检查和加固教室的悬挂物；门窗玻璃贴上防震胶带，防止玻璃被震碎伤人。

3. 震前要安排好学生转移、撤离的路线和场地。在老师带领下，让学生熟悉校内和校外环境，如学校的灭火器放在哪里，水源在什么地方，化学实验室、食堂等处有什么危险品，遇到特殊情况向谁报告，附近的医院、门诊部在哪里，附近有没有生产危险品的工厂，教室外面有没有高大建筑物或其他危险物。

三、学校是人群集中的地方，地震发生后，学校最容易受灾。地震来临时我们应怎么办？

1. 地震预警时间短暂，室内避震更具有现实性，而室内房屋倒塌后形成的三角空间，往往是人们得以幸存的相对安全地点。室内易于形成三角空间的地方是：坚固家具附近、内墙墙根和墙角、厕所、储藏室、楼梯间等开间小的地方。

2. 若正在上课，要在教师指挥下躲避在课桌下、讲台旁，迅速抱头、闭眼。尽量卷曲身体，降低身体中心。尽可能离开外墙和玻璃窗，避开天花板上的悬吊物，如吊灯等。内墙墙角处也可暂避。人员应当分散，不要过于集中，最好留出通道。震后应有序地迅速撤离，转移到安全地带。在楼上教室内的同学千万不要跳楼，也不要站在窗边，不要到阳台上去，更不要一窝蜂似的挤向楼梯，这样会产生很多不必要的伤亡。

3. 在室内无论在何处躲避，都要尽量用书包或其他软物体保护头部，这等于给自己戴了一个软头盔。

4. 在室外时，可原地蹲下，双手保护头部，注意避开高大建筑物或危险物。要迅速远离易爆、易燃及有毒气体储存的区域，避险时要远离高楼、大烟筒、女儿墙、高压线以及峭壁、陡坡，不要在狭窄的巷道中停留。

5. 地震发生后，没有总指挥同意，不要回到倒塌的教室去，以免余震伤人。

四、地震之后如何以最快速度救人,你知道吗?

1. 救援压埋人员,应遵从"先多后少、先近后远、先易后难、先轻后重"的原则;如果有医务人员被压埋,应优先营救,增加抢救力量。

2. 要细心辨认人们遇震前的位置、方向,以及震后人们爬动的痕迹及血迹,从而找到已经受伤或筋疲力尽的人员。

3. 应确定伤员的头部位置,以迅速、轻巧的动作,使其头部暴露,并迅速清除口鼻内的尘土,再使胸腹部露出。

4. 在抢救受伤者时,不要强拉硬拖,应尽量使其全身暴露后再抬出。

5. 对在黑暗中较长时间的人,救出后,应将受伤者双眼蒙住,避免强光的刺激;对于长期处于饥饿状态的人,不能一下子喂过多食物。

【知识链接】

一、预防地震,就要了解地震的一般常识。

地震的等级划分。地震的等级通常是用里氏震级来表示。地震释放出来的能量越大,震级越高。震级每增加一级,能量约增加 30 倍。

通常划分标准如下:3 级以下的地震,称为微震;3 ~ 5 级称有感地震;5 级以上称破坏性地震。

地震烈度:地震烈度是指地面及房屋等建筑物受地震破坏的程度。对同一个地震,不同的地区,烈度是不一样的。距离震源近,破坏性就大,烈度就高;距离震源远,破坏性就小,烈度就低。任何一次地震,震级只有一个,烈度有无数个。

二、我国地震分布地区。

我国位于世界两大地震带——环太平洋地震带与欧亚地震带的交会部位,受太平洋板块、印度板块和菲律宾海板块的挤压,地震断裂带十分发达。我国的地震活动主要分布在五个地区的 23 条地震带上。这五个地区是:① 台湾省及其附近海域;② 西南地区,主要是西藏、四川西部和云南中西部;③ 西北地区,主要在甘肃河西走廊、青海、宁夏、天山南北麓;④ 华北地区,主要在太行山两侧、汾渭河谷、阴山—燕山一带、山东中部和渤海湾;⑤ 东南沿海的广东、福建等地。我国的台湾省位于环太平洋地震带上,西藏、新疆、云南、四川、青海等省区位于喜马拉雅—地中海地震带上,其他省区处于相关的地震带上。

三、大灾之后如何防大疫?

1. 预防食物、饮用水不干净引起的肠道传染病。由于灾区饮水和饮食卫生无法得到保证,肠道传染病历来是大灾过后最常见的传染病。应尽量喝开水和经过消毒处理的水，食物中可加上大蒜、醋消毒肠道。万一出现腹泻、口干等脱水症状，可自己用白开水500毫升、食盐1啤酒瓶盖、糖10克配置液体服用，不能单喝开水。

2. 预防蚊虫传播的传染病。如果灾区正值夏季，天气潮湿，污水较多，正是蚊虫滋生的理想场所，蚊虫能传播许多严重的传染病，比如让人打寒战、高热的疟疾，致人昏迷、痴呆的乙脑，使人一瘸一拐的登革热，等等。应随身携带风油精备用，睡觉时在身体暴露部位喷洒。万一出现寒冷、高热、举动异常等症状，及时与医生联系，寻求帮助。

3. 预防呼吸道传染病。灾区气候变化快，早晚温差大，灾民和救援人员身心疲惫，抵抗力下降，很容易发生感冒、麻疹、风疹、流脑等呼吸道传染病，而且呼吸道传染病在人群聚集地、灾民区、救援人员驻地一旦流行，后果严重。干活流汗时不要立即脱、减衣服，可先解开几粒纽扣，等汗退去后再脱衣。轮番作业，劳逸结合，避免长时间透支体力，多饮开水，出汗较多时饮用加有少量糖和盐的开水，不要长时间喝纯净水。

4. 预防老鼠等动物传播的传染病。灾区的老鼠等动物也处在极度恐慌之中，已经死亡和从洞中跑出来并混进人群的老鼠明显增多。老鼠能传播不少疾病，比如鼠疫、肾综合征出血热、钩端螺旋体病等。接触粪便等污物最好戴手套和口罩，救援作业地有污水，或雨中救援，应穿长筒胶靴。食品要放置在安全的地方，避免老鼠触及。

5. 预防外伤引起的传染病。抗震救灾时难免皮肤被划破、受伤，厌氧菌等可能会从伤口侵入身体，导致严重的破伤风、气性坏疽等传染病。受伤后仔细观察并记录致伤物品、伤口部位和深度、出血情况，及时向医生反映，以决定是否注射破伤风抗毒素和类毒素。

6. 其他需要警惕的传染病。灾区难民点和救援驻地卫生条件差，有可能流行急性出血性结膜炎，该病主要通过共用毛巾、手帕、浴巾，合用脸盆洗脸等方式传播，传染性极强，传播迅速。一旦染病，应闭目休息，早期可冷敷。

【模拟训练】

一、地震发生时，同学们应该提醒自己要镇静，保持头脑清醒、冷静，应在最短的时间内作出正确的判断，下面是一些有用的避震方法。

1. 如果你在室内，应就近躲到坚实的家具下，如写字台、结实的床、农村土炕的炕沿下，也可躲到墙角或管道多、整体性好的小跨度卫生间和厨房等处。注意不要躲到外墙窗下、电梯间,更不要跳楼,这些都是十分危险的。

2. 如果你在教室里,要在教师指挥下迅速抱头、闭眼、蹲到各自的课桌下。地震一停,迅速有秩序撤离,撤离时千万不要拥挤。

3. 如果你在影剧院、体育场或饭店,要迅速抱头卧在座位下面;也可在舞台或乐池下躲避;门口的观众可迅速跑到门外或进入体育场内。

4. 如果你在室外,要尽量远离狭窄街道、高大建筑物、高烟囱、变压器、玻璃幕墙建筑、高架桥和存有危险品、易燃品的场所。地震停后,为防止余震伤人,不要轻易跑回未倒塌的建筑物内。

5. 如果你在百货商场里,应就近躲藏在柱子或大型商品旁,但要尽量避开玻璃柜。在楼上时,要看准机会逐步向底层转移。

6. 如果你在工厂的车间里,应就近蹲在大型机床等设备旁边,但要注意离开电源、气源、火源等危险地点。

7. 如果你在行驶的汽车、电车或火车内,应抓牢扶手,以免摔伤、碰伤,同时要注意行李掉下来伤人。座位上面朝行李方向的人,可将胳膊靠在前排椅子上护住面部;背向行李方向的人可用双手护住后脑,并抬膝护腹,紧缩身体。地震后,迅速下车向开阔地转移。

8. 无论在何处躲避,都要尽量用棉被、枕头、书包或其他软物体保护头部。

9. 如果正在使用明火,应迅速把明火灭掉。

二、地震发生后,如果不幸被倒塌建筑物埋压,在神志清醒、身体没有重大创伤时,应保护好自己,积极实施自救。

1. 要尽量用湿毛巾、衣物或其他布料捂住口、鼻和头部,防止被灰尘呛闷而发生窒息,也可以避免建筑物进一步倒塌造成的伤害。

2. 尽量活动手、脚,清除脸上的灰土和压在身上的物件。

3. 用周围可以挪动的物品支撑身体上方的重物,避免进一步塌落,扩大活动空间,保持足够的空气。

4. 几个人同时被压埋时,要互相鼓励,共同计划,团结配合,必要时采取脱险行动。

5. 寻找和开辟通道,设法逃离险境,朝着有光亮、更安全宽敞的地方移动。

6. 一时无法脱险,要尽量节省气力。如能找到食品和水,要计划着节约使用,尽量延长生存时间,等待救援。

7. 保存体力,不要盲目大声呼救。在周围十分安静,或听到上面(外面)有人活动时,用砖、铁管等物敲打墙壁,向外界传递消息。当确定不远处有人时,再呼救。

【交流讨论】

1. 你是如何理解“大灾之后防大疫”这句话的？
2. 地震发生后易导致哪些次生灾害？

第二章　人为灾害

污染是现代人类社会所面临的一种普遍现象。从工业生产到农业生产，从电讯信息技术到战争武器，无一不对环境和人类社会造成污染。环保部副部长吴晓青日前指出，我国环境状况总体恶化的趋势尚未得到根本遏制。其中，一些重点流域、海域水污染严重，部分区域和城市大气灰霾现象突出，农村环境污染加剧，重金属、化学品、持久性有机污染物以及土壤、地下水等污染显现。

据有关部门估算，环境损失占中国GDP的比重可能达到5%～6%。2011年中国GDP为47万亿多，据此折算，环境污染造成损失将达到2.35万亿～2.82万亿元，也就是超过2万亿元。当前，最主要的环境污染问题是“三废”污染，即废水、废气和废弃物污染。

【案例点评】

案例1：2007年4月底5月初，无锡太湖梅梁湾暴发了大规模藻类水华，导致周围水域大面积水质恶化，无锡市区的自来水取自太湖，由此引起的突发饮用水危机几乎席卷了无锡整座城市，一夜之间，自来水管里流出的水如同下水道的水一般臭，城市供水系统陷于瘫痪，无锡人“开着宝马喝脏水”，一桶纯净水由原来的七八块卖到50块钱，严重影响市民生活和城市生产。

点评：造成该次事件的原因有：农田化肥、农业废弃物、城市生活污水和某些工业废水等含有氮、磷等化学成分，导致水体富营养化，引起各种水生生物、植物异常繁殖和生长，造成大量鱼类死亡、水质变坏；连续高温高热，导致水位下降；民众环保意识薄弱，环保行动力不强；政府处置突发事件的能力有待提高。

案例2：2011年1月9日早晨，仪征市某机械厂发生蹊跷事，该厂9个下夜班的工人都出现呼吸道严重不适症状，一个临时去厂里加班后回家的厂负责人也出现同样的状况。这么多人同时出现呼吸道问题,令人匪夷所思。事故发生后已有1名工人在仪征市人民医院因抢救无效死亡,转至扬州苏北医院的病人中,有4人正在重症病房(ICU)接受治疗。

点评: 造成该次事件的原因有:该厂与一化工厂相邻,化工厂利用星期六、星期日及夜间偷偷排放废气;该厂当日恰好位于下风向;民众环保意识薄弱,环保行动力不强。

案例3: 2001年2月20日,湖北省竹山县环卫所与城关镇莲花村负责人在未经14户58名村民同意的情况下,签订了在该村聂家沟公路边建垃圾场的协议。由于垃圾场缺乏有效治理,当地的空气、水、土均受到了严重污染,导致263棵果树死亡,粮食损失10万余元。由于食用了用受污染的水及土地种植的粮食、蔬菜,58名村民的身心均受到了严重损害。该地水源严重污染,人畜不能饮用,农田受污染严重。

点评: 造成该事件的原因有:垃圾场的兴建未获得村民的认可;对垃圾场缺乏有效的治理;垃圾场兴建的地点不适宜;环保部门监管不力;民众环保意识薄弱,环保行动力不强。

【安全常识】

一、案例1可谓触目惊心,水污染给人民的生命健康造成了巨大的影响,因此,我们应该了解水污染的原因。

1. 生活污染:在居民生活中产生的污染物造成的水污染,如含磷洗衣粉的污染。

2. 工业污染:在工业生产中产生的污染物造成的水污染,如造纸厂、镀锌厂排出的有毒废水等造成的污染。

3. 农业污染:在农业生产生活中产生的污染物造成的水污染,如农药、化肥、牲口粪便等造成的污染。

4. 水土流失。

二、大量的污水排入大自然,会造成很多危害。

1. 污染水体、影响水质,增加净化水的难度和成本。

2. 破坏生态系统。富含大量氮、磷、钾等物质的水溶液进入池塘、江河湖海,会导致水体的富营养化,浮游植物大量生长,进而导致鱼、虾等生物大量死亡。

3. 危害人类健康。一些重金属进入水体,可使作物受到重金属污染,致使农产品有毒性;重金属通过水生植物进入食物链,经鱼类等水产品进入人体,会破坏人体神经系统。

三、水是生命之源，人可三日无食，不可一日无水，为了保护水资源，我们可以这么做：

1．水源水保护。为控制水源污染，应禁止在水源地流域范围内发展污染严重的产业，以减少污染物的排放。

2．自来水厂工艺设备改造。自来水厂的改造可在一定程度上提高自来水的质量。

3．管道分质供水。

4．家庭管网终端水质净化。

5．提高环保意识。

四、空气是流动的，大气污染无处不在，那么，大气污染源有哪些？如何防治？

1．大气污染源。

生活污染源：如家庭、商业服务部门等燃煤排放的烟尘和废气。

交通污染源：如汽车、火车、飞机、船舶等排放的废气。

工业污染源：如发电厂、钢铁厂、水泥厂、氮肥厂、烧碱厂及其他各类化工厂排放的废气和粉尘。

2．防治措施。

减少燃烧，集中供热，限制汽车数量，杜绝燃放爆竹；改进制冷技术，限制使用氟利昂制冷剂；治理腐败，落实环保管理；变罚款为治理；限制乱砍滥伐，植树造林；制定防治大气污染的相关法规。

五、案例3里的固体废弃物的危害也是很大的，发生这样的情况我们要学会正确处理。

固体废物处理技术涉及物理学、化学、生物学、机械工程等多种学科，主要处理技术有如下几个方面：

1．固体废物的预处理。在对固体废物进行综合利用和最终处理之前，往往需要进行预处理，以便于进行下一步处理。预处理主要包括固体废物的粉碎、筛分、粉磨、压缩等工序。

2．用物理法处理固体废物。利用固体废物的物理和化学性质，从中分离出有用或有害物质。根据固体废物的特性，可采用重力分选、磁力分选、电力分选、光电分选、弹道分选、摩擦分选和浮选等分选方法。

3．用化学法处理固体废物。通过化学处理方法回收有用物质和能源。煅烧、焙烧、烧结、溶剂浸出、热分解、焚烧、电力辐射都属于化学处理方法。

4．用生物法处理固体废物。利用微生物的作用处理固体废物。其基本原理是利用微生物的生物化学作用，将复杂有机物分解为简单物质，将有毒物质转化为无毒物质。沼气发酵和堆肥即属于生物处理法。

5. 固体废物的最终处理。对没有利用价值的有害固体废物须进行最终处理。最终处理的方法有焚化法、填埋法、海洋投弃法等。在将固体废物填埋和投弃海洋之前，仍须对其进行无害化处理。

【知识链接】

一、案例1中讲到赤潮，下面让我们来了解一下赤潮的成因。

赤潮被喻为“红色幽灵”，国际上也称其为“有害藻华”，是指在特定的环境条件下，海水中某些浮游植物、原生动物或细菌暴发性增殖或高度聚集而引起水体变色的一种有害生态现象。赤潮是一种自然现象，也是人为因素引起的。赤潮是一个历史沿用名，并不一定都是红色。因赤潮发生的原因、种类和数量的不同，水体会呈现不同的颜色，有红色、绿色、黄色、棕色等。值得指出的是，某些赤潮生物（如膝沟藻、裸甲藻、梨甲藻等）引起赤潮，有时并不引起海水呈现任何特别的颜色。

二、赤潮的主要危害有哪些？

1. 对生态平衡的危害。海洋是一种生物与环境、生物与生物之间相互依存、相互制约的复杂生态系统。系统中的物质循环、能量流动都是相对稳定、动态平衡的。当赤潮发生时这种平衡遭到干扰和破坏。在植物性赤潮发生初期，由于植物的光合作用，水体会出现高叶绿素、高溶解氧、高化学耗氧量等特征。这种环境因素的改变，致使一些海洋生物不能正常生长、发育、繁殖，导致一些生物逃避甚至死亡，破坏了原有的生态平衡。

2. 对人类健康的危害。有些赤潮生物分泌赤潮毒素，当鱼、贝类处于有毒赤潮区域内时，摄食这些有毒生物，虽不能被毒死，但生物毒素可在体内积累，其含量大大超过人类食用时人体可接受的水平。这些鱼虾、贝类如果不慎被人食用，就引起人体中毒，严重时可导致死亡。

三、我们如何积极预防赤潮的发生？

1. 控制海域的富营养化。应重视对城市污水和工业污水的处理，提高污水净化率；合理开发海水养殖业。

2. 人工改善水体和底质环境。在水体富营养化的内海或浅海，有选择地养殖海带、裙带菜等大型经济海藻，既可净化水体，又有较高的经济效益；利用自然潮汐的能量提高水体交换能力；利用挖泥船、吸泥船清除受污染底泥，或翻耕海底，或以黏土矿物、石灰匀浆及沙等覆盖受污染底泥，来改善水体和底质环境。

3. 控制有毒赤潮生物外来种类的引入。

4. 要制定完善的法规和措施，防止有毒赤潮生物经船只等带入养殖区。

【模拟训练】

一、2010 年夏季我国南方云南等地大旱，气象专家说这是厄尔尼诺现象引起的，让我们一同了解它的成因和影响。

厄尔尼诺现象又称“厄尔尼诺海流”，是太平洋赤道带大范围内海洋和大气相互作用后失去平衡而产生的一种气候现象，就是沃克环流圈东移造成的。厄尔尼诺现象的基本特征是太平洋沿岸的海面水温异常升高，海水水位上涨，并形成一股暖流向南流动。它使原属冷水域的太平洋东部水域变成暖水域，结果引起海啸和暴风骤雨，造成一些地区干旱，另一些地区又降雨过多的异常气候现象。

厄尔尼诺现象对我国气候产生的严重影响有：

首先是台风减少。厄尔尼诺现象发生后，西北太平洋热带风暴（台风）的产生个数及在我国沿海登陆个数均较正常年份少。

其次是我国北方夏季易出现高温、干旱天气。通常在厄尔尼诺现象发生的当年，我国的夏季风较弱，季风雨带偏南，位于我国中部或长江以南地区，我国北方地区夏季往往容易出现干旱、高温天气。1997 年强厄尔尼诺发生后，我国北方的干旱和高温特征十分明显。

再次是我国南方易出现低温天气，易产生洪涝灾害。在厄尔尼诺现象发生后的次年，在我国南方，包括长江流域和江南地区，容易出现洪涝灾害。近百年来发生在我国的严重洪水，如 1931 年洪水、1954 年洪水和 1998 年洪水，都发生在厄尔尼诺年的次年。我国在 1998 年遭遇特大洪水，厄尔尼诺便是最重要的影响因素之一。

最后，在厄尔尼诺现象发生后的冬季，我国北方地区容易出现暖冬。

二、2009 年冬季，我国南方地区发生了严重的雪灾，科学家们普遍认为，雪灾的形成与拉尼娜现象有着非常密切的关系。那么，什么是拉尼娜现象呢？它的影响如何？

“拉尼娜”为西班牙语，是小女孩的意思。拉尼娜现象指赤道太平洋东部和中部海表温度大范围持续异常变冷（连续 6 个月低于常年温度 0.5 摄氏度以上）的现象。可见，拉尼娜现象正好与厄尔尼诺现象相反，故也被称为“反厄尔尼诺”。拉尼娜现象常与厄尔尼诺现象交替出现，但其发生频率要低于厄尔尼诺现象。拉尼娜现象是一种厄尔尼诺年之后的矫正过度现象。厄尔尼诺现象与赤道中、东太平洋海温的增加、信风的减弱相联系，而拉尼娜现象却与赤道中、东太平洋海温的降低、信风的增强相关联。因此，实际上拉尼娜现象是热带海洋和大气共同作用的产物。

拉尼娜现象对天气气候的影响大致与厄尔尼诺现象相反，但其影响程度和威力较厄尔尼诺现象要小。在拉尼娜年，我国容易出现冷冬热夏现象，即冬季气温较常年偏低，夏季气温偏高。拉尼娜现象影响下的水文特征将使太平洋西部水温上升，降水量比正常年份明显偏多。另外，在西太平洋和南海地区生成及登陆我国的热带气旋个数，拉尼娜年比常年多。

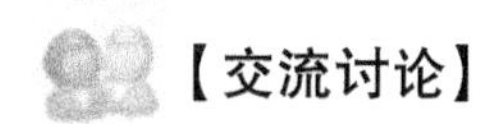

1. 赤潮发生后，你认为政府应该如何制订应急预案？
2. 结合你身边的环境，谈谈有哪些环境问题。

话题 2　失衡的生态

2010 年中国环境状况公报显示，我国有 90% 的草原不同程度退化，内陆淡水生态系统受到威胁，部分重要湿地退化，海洋与海岸带物种及其栖息地不断丧失，生态问题十分突出。如果说环境污染了还可以再治理的话，那么生态系统一旦被破坏，恢复起来就难得多，因此，要防止环境问题演化为生态问题。纵观人类历史，由生态问题引发的灾难不胜枚举，严重影响人民的生产和生活，有的甚至影响到了民族的生存和繁衍。楼兰古国和古巴比伦文明的消失，就是典型的例证。

据有关部门统计，我国水土流失面积已达 367 万平方千米，并以每年 1 万平方千米的速度在增加；我国荒漠化土地面积已达 262 万平方千米，继续以每年 2460 平方千米的速度扩展。目前，我国沙化土地的面积为 168.9 万平方千米，占国土面积的17.6%。据有关部门统计,全年生态破坏造成的经济损失高达860亿元。我国最主要的生态环境问题是水土流失和荒漠化。

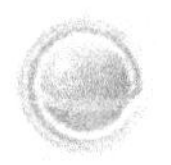

【案例点评】

案例1:蚂蝗岭流域位于海南省儋州市中北部,总面积约53平方千米。历史上,蚂蝗岭曾经到处都是茂密的原生灌木丛,地表植被和栖息动物种类繁多。20世纪60年代、80年代和90年代的不合理垦伐,致使大量的土地裸露,直接受到雨水的冲刷。该区域的土壤基本都属于质地疏松、沙性大、黏性小的燥红土,因而水土流失日益严重,纵横密布的侵蚀沟不计其数。最大的一条沟壑,长达4000多米,最深处有30多米,最宽处为280多米。

日趋荒漠化的蚂蝗岭,严重水土流失面积达33.4平方千米,占总面积的63.4%,沟壑密度每平方千米长达5.1千米。涉及30多个村庄的7000多亩农田被泥沙淹没,附近河道淤积。仅1996年的18号台风期间,就有3000多亩农田被流沙掩埋。环境恶化,田地被毁,河道淤积,严重影响了附近村庄农民的农业生产,不少村庄的过半农户被迫举家迁移。

点评:植物具有涵养水源、保持水土的作用,由于当地民众环保意识差,60年代大面积砍伐植被,导致大量的地表裸露,加之当地土质疏松、雨水充沛,从而形成今天千沟万壑的地表形态。

案例2:内蒙古自古以来就是我国著名的天然草原区,1997年,内蒙古最后的天然草原地区实施平分草场、定居的政策,破坏了传统的游牧文化,造成天然植被退化和表土裸露。自2000年来,农耕开垦破坏了内蒙古草原表土层,出现了大面积土地荒漠化现象。近十年来频繁的沙尘暴反映了内蒙古地区荒漠化的严重程度。内蒙古乌拉盖湿地消亡是干旱草原荒漠化的典型案例。

据统计,内蒙古土地面积118.2万平方千米,纯草原面积25.1万平方千米,沙漠和戈壁面积40万平方千米,且荒漠化正以每年5万至7万平方千米的速度扩大。如不采取相关措施,昔日草丰水美的内蒙古草原或将成为历史。

点评:内蒙古属于温带大陆性气候,该地冬季寒冷、夏季炎热、雨水少,自古以来实行的是传统的游牧放养方式。由于人口发展,定居地形成,过度放牧,以及改牧养为耕作的方式,加之降水较少,草场退化,土地沙漠化,形成今天这样的局面。

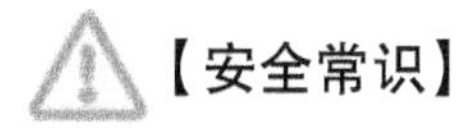

一、我们在影视剧或者电视上会看到黄土高原千沟万壑的地表形态，这样的地表形态就是水土流失造成的，我们一同来认识水土流失的成因与危害。

地球上人类赖以生存的基本条件就是土壤和水分。在山区、丘陵区和风沙区，不利的自然因素和人类不合理的经济活动，造成地面的水和土离开原来的位置，流失到较低的地方，再经过坡面、沟壑，汇集到江河河道内去，这种现象称为"水土流失"。

水土流失是不利的自然条件与人类不合理的经济活动互相交织作用产生的。不利的自然条件主要是：地面坡度陡峭，土体松软易蚀，高强度暴雨，地面没有林草等植被覆盖；人类不合理的经济活动有：毁林毁草，陡坡开荒，草原上过度放牧，开矿、修路等生产建设破坏地表植被后不及时恢复，随意倾倒废土弃石等。

水土流失对当地和河流下游的生态环境、生产、生活和经济发展都造成极大的危害。水土流失破坏地面完整，降低土壤肥力，造成土地硬石化、沙化，影响农业生产，威胁城镇安全，加剧干旱等自然灾害的发生、发展，导致群众生活贫困、生产条件恶化，阻碍经济、社会的可持续发展。

二、我国是一个荒漠化严重的国家，曾经出现过"沙进人退"的现象，荒漠化的危害有哪些？如何治理呢？

我国荒漠化现象主要发生在西北地区。

1. 危害。

土地沙化，土地退化，生物生产力下降，粮食、牧草减产，影响区域可持续发展。

2. 治理措施。

（1）植树种草，恢复自然植被。生物固沙、沙地飞播、造林种草。

（2）小流域综合治理等。因地制宜（退耕退牧，还林还草），合理发展农业生产（调整产业结构等）。

（3）沙坡头治沙的经验。沙坡头地区往北地势渐高，是一望无际的腾格里沙漠，因此在治理中可采取三种主要方法。一阻：在防护林前沿设置沙障；二输：营造卵石平台，借助风水，输沙过线路；三固：在线路两侧，大面积固沙造林。

【知识链接】

一、我国水土流失的现状及特点。

目前，我国水土流失面积达356.92万平方千米，占国土面积的37.18%，其中水力侵蚀面积161.22万平方千米，风力侵蚀面积195.70万平方千米，亟待治理的面积近200万平方千米。近50年来，我国因水土流失而损失的耕地达5000多万亩，平均每年约100万亩，每年流失土壤约50亿吨。其中，黄土高原水土流失严重区每年流失表土达1厘米以上，北方土石山区土层厚度不足30厘米的土地面积占总面积的比例高达77%，东北黑土区一些地方耕作层厚度由开垦初期的1米左右降到现在的不足20厘米，不少地方耕作层表土已流失殆尽，丧失了生产能力，每年因水土流失给我国带来的经济损失相当于GDP的2.25%，带来的生态环境损失更是难以估算。

我国水土流失表现出以下三个特点：

一是水土流失面积大，分布范围广。我国水土流失不仅广泛发生在农村地区，而且也发生在城镇和工矿区，几乎每个流域、每个省份都有。

二是流失强度大，侵蚀严重区比例高。我国年均土壤侵蚀总量45.2亿吨，主要江河的多年平均土壤侵蚀模数为3400多吨/平方千米·年，部分区域侵蚀模数甚至超过3万吨/平方千米·年，侵蚀强度远高于土壤容许流失量。全国现有水土流失严重县646个，其中82.04%处于长江流域和黄河流域。

三是流失成因复杂，区域差异明显。我国东北黑土区、北方土石山区、黄土高原区、长江上游及西南诸河区、北方农牧交错区、西南岩溶石漠化区、南方红壤区等各区域的自然和经济社会发展状况差异较大，水土流失的主要成因、产生的危害、治理的重点各有不同。

二、我国荒漠化的主要类型及地区分布。

凡是气候干旱、降水稀少、蒸发强烈、植被稀疏的地区都可称为荒漠，即“荒凉之地”。荒漠化是指包括气候变异和人类活动的影响在内的种种原因造成的干旱、半干旱和亚湿润干旱地区的土地退化，亦即形成荒漠的过程。我国的荒漠化土地垂直分布于从海平面到高寒荒漠带的大部分地区——这些地区气候类型和地貌类型多样，决定了这些地区影响荒漠化形成的因素的多样化，从而使我国的荒漠化呈现出多样性。

1. 风蚀荒漠化。

风蚀荒漠化是指在极端干旱、干旱、半干旱地区和部分半湿润地区，不合理的人类活动破坏了脆弱的生态平衡,原非沙漠地区出现了以风沙活动为主要特征的类似沙漠景观及土地生产力水平降低的环境退化过程。风蚀荒漠化也称"沙质荒漠化(沙漠化)",是在所有荒漠化类型中占据土地面积最大、分布范围最广的荒漠化,主要分布在西北干旱地区,另外在藏北高原、东北地区的西部和华北地区的北部也有较大面积分布。

沙尘暴是一种在风蚀荒漠化分布区常见的天气现象,是衡量一个地区荒漠化程度的重要指标之一,它的形成受到了自然因素和人为因素的共同影响。沙尘暴在我国境内的发源地主要位于西北地区及内蒙古的西部、中东部,与我国风蚀荒漠化的分布地区基本一致。

2. 水蚀荒漠化。

水蚀荒漠化是指在地貌、植物、水文、气候等自然因素以及人为因素影响下主要由水蚀作用造成的荒漠化,其分布区主要集中在一些河流的中上游及一些山脉的山麓。依地质背景不同,水蚀荒漠化可分为土漠化和岩漠化两类,前者主要分布在北方中部黄土高原地区、内蒙古东部科尔沁沙地南侧的黄土分布区等,后者主要分布在太行山北部、辽宁西北部的基岩山区。

属于土质荒漠化的红色荒漠化(红漠化)是指我国南方的红壤丘陵区在人类不合理经济活动和脆弱生态环境的相互作用下被流水侵蚀而形成的以地表出现劣地为标志的严重土地退化。由于地表的红壤已被暴雨冲刷殆尽,地面的红色母岩已完全裸露,红漠化严重的地区寸草不生,成了名副其实的"红色丘陵"。

3. 盐渍荒漠化。

盐渍荒漠化主要是指在干旱、半干旱和半湿润地区,由于高温干燥、蒸发强烈,土壤中上升水流占绝对优势,淋溶和脱盐作用微弱,土壤普遍积盐,形成大面积盐碱化土地的过程。盐渍荒漠化比较集中地连片分布在塔里木盆地周边绿洲、天山北麓山前冲积平原地带、河套平原、宁夏平原、华北平原及黄河三角洲,在青藏高原的高海拔地区也有大面积分布。

土壤次生盐渍化问题不容忽视,特别是在一些干旱和半干旱地区,土壤唯有依靠地表水灌溉才能发展农业。而如果人类采取的灌溉措施不合理,再加上蒸发强烈,这些地区就极易出现地表盐分积累的现象。

4. 冻融荒漠化。

冻融荒漠化是指在昼夜或季节温差较大的地区,在气候变异或人为活动的影响下,岩体或土壤由于剧烈热胀冷缩而出现结构被破坏或质量下降现象,造成植被减少、土壤退化的土地退化过程。

冻融荒漠化是我国温度较低的高原所特有的荒漠化类型,主要分布在青藏高原的高海拔地区。独特而脆弱的生态环境使青藏高原具备了冻融荒漠化形成、发育的物质基础和动力条件,而较大面积的冻融荒漠化土地又给高原的可持续发展带来了巨大的环境压力。

5. 喀斯特荒漠化。

喀斯特荒漠化是三大生态灾害之一,主要分布在广西、贵州、云南三省区,其中贵州省的石漠化土地面积最大。在石漠化分布区,土地涵养水源的能力较低,人、畜饮水困难,泥石流、滑坡等地质灾害常发生,生活条件十分恶劣。

【模拟训练】

现阶段,我国经济建设的高速增长很大程度上是依靠资源的高消耗、高消费以及粗放经营来实现的。这一模式最终会制约经济的持续发展,同时还会带来严重的生态环境问题。一部分贫困地区不合理地毁林开耕、陡地种粮、草原过度放牧,导致水土流失,生态功能衰退,荒漠化土地面积不断扩大,珍稀动植物也面临巨大的威胁,生物的多样性受到破坏,矿产资源开采导致的生态破坏也在不断加重,个别地区的资源已近枯竭,引起人们的焦虑。此外,在一些城市,不当的经济发展方式也是生态环境遭到破坏的原因,经济发展的最终目标是提高人民的生活质量,实现富国强民,而生态环境的破坏和经济增长的最初目标是相悖的,良好的生态环境更有利于经济的发展。

一、面对日益严重的生态环境问题,请你拿出合理的解决方案。

1. 进一步完善环保方面的法律法规,对需要保护和治理的生态环境内容作出明确合理的规定,对各种环境标准作出明确规范,严格按规定执行,使环境保护有法可依,有章可循。

2. 各级部门要提高监管力度,对破坏生态环境的行为给予严厉惩治和制裁,上级环保部门要宏观管理,而下级各个环保部门要着力配合,齐抓共管,让生态环境保护切实落到实处。

3. 继续发扬环保政策已取得的成就,并将所取得的显著成就普遍推广,使得国家整体的生态趋势得到进一步改善。

4. 切实认识生态环境仍然存在的问题,认识到环境保护的严峻性,要绝不放松,针对新的环保问题,着力研究,制定和开发新的政策对策,并着力付诸实践。

5. 提高人们的环保意识,进行各种环保宣传活动,对生态环境恶化的后果进行着力宣传和教育,使得全民形成环保危机感,从自己做起,从小事做起,全社会形成统一的环保氛围,使环境保护变成全民齐参加的一项活动。

二、面对日益严重的生态环境问题,如何实现生态的可持续发展?

1. 加大宣传力度,提高人们对生态环境的保护意识,增强全社会的可持续发展意识。

2. 建立合理开发与生态环境保护的机制,实行环境质量行政领导总负责制。

3. 加强生态环境法制建设,加大对生态环境破坏的监管力度,使生态环境保护和管理纳入法制化轨道。

4. 增加生态环境保护资金的投入,这将有助于推动科研成果的转化,改善生态环境保护的科技手段,从而提高生态环境保护的力度。

5. 加速实施国家生态环境保护纲要,严格执行我国资源发展和环境保护的各项政策。

6. 与国际社会积极交流合作,引进国外的资金和经验、技术,推动我国生态环境保护的全面发展。

**【交流讨论】**

1. 你对我国土地荒漠化和沙漠化有何看法?应采取什么防治措施?
2. 我国生态环境恶化的主要表现是什么?